BASICS

ROOF CONSTRUCTION

지붕구조의 기초

BASICS

ROOF CONSTRUCTION
지붕구조의 기초

Tanja Brotrück 저

양원영 옮김

Spacetime

차례 CONTENTS

머리말

우리 머리 위의 지붕은 인간의 기본적인 요구를 만족 시킨다. 비, 바람, 추위로부터 우리를 보호해 줄 뿐만 아니라 이런 기술적인 요구사항 이외에도, 하중을 전달하고 구조적 안정성을 제공한다. 지붕은 이렇듯 다양한 기능을 충족시키고 있다. 전통적인 공예로서의 지붕은 현재에도 사용되고 있는 수많은 지붕 모양과 유형으로 발전 해 왔다.

지붕은 심미적으로도 만족스러워야 한다. 지붕은 종종 다섯번째 파사드라고 불린다. 평지붕과 경사지붕에서 파생한 다양한 지붕형태는 인간이 조성한 마을 풍경을 특징짓고, 신축 건물에 스타일을 부여하기도 한다.

"기초" 시리즈는 관심 분야와 주제를 처음 접하는 학생들에게 유익하고 실용적인 입문서를 제공하고자 한다. 이번 시리즈는 쉽게 이해할 수 있는 설명과 예로 구성하였다. 중요한 원리는 체계적으로, 각 주제별로 심도있게 다루었다. 전문적인 지식의 방대한 요약서가 아닌 주제를 처음으로 소개하고, 숙련된 적용을 위해 필요한 지식을 전달하고자 하였다.

지붕구조의 기초편은 지붕을 처음 접하는, 건축가, 구조 엔지니어, 혹은 기타 건설 전문가가 되기 위해 수련하는 학생들을 위해 기획되었다. 여기서는 지붕의 종류, 구조적 요구사항에 따라 어떻게 시공 방법이 달라지는지, 장점과 단점은 무엇인지 설명하였다. 이 책은 개별 구조재와 레이어에 관한 명쾌한 설명과 함께 설계 단계에서 이를 어떻게 고려해야 하는지에 대한 지침을 제공하고 있다. 주요 지붕 구조, 단열과 방수, 마감, 배수의 기본 요소들을 다루고 있다. 학생들이 필요한 기술적인 용어에 익숙해지고 일반적인 개요와 함께 설계와 시공의 차이를 익히는데 이 책의 목적이 있다.

베르트 비엘레펠드, 편집자

0. 서론

지붕은 건물 외피의 한 부분으로 기능적인 조건을 만족시켜야 한다. 첫째로, 지붕 아래의 공간 – 개방공간 또는 폐쇄공간 – 을 기후조건으로부터 보호한다. 지붕의 가장 중요한 역할은 빗물을 효과적으로 배수하고, 태양과 바람으로부터 거주자를 보호하며, 프라이버시 제공하는 데 있다.

지붕 구조는 기능적인 요구사항이나 디자인 접근방법에 따라 다양하게 적용할 수 있다. 이 책에서는 지붕의 기초에 대해 설명한다. 지속적으로 개발되고 있는 신축 지붕 계획에 대한 기본을 제시하고 있다.

지붕에는 다양한 힘(forces)이 작용하고 있다. 이러한 힘은 바닥으로 직접적으로 전달되거나 외벽, 기둥 또는 기초를 통해 지중으로 전달된다.

다양한 구조와 지붕 형태를 구별해 볼 수 있다. 적합한 지붕을 선택하기 위해 다양한 요인들을 고려해야 한다. 외관이 아마도 가장 중요한 기준일 것이다. 그리고 계획적인 측면의 배치와 크기가 다음 순서이다; 공사비와 관련 건축법규도 결정적인 역할을 한다.

구조와 자재는 해당 프로젝트에 적용 가능한 범위 내에서 적절히 선택한다. 정교한 프리패브 철골 구조는 개인 주택의 적용이 매우 드물고, 산업용 건물의 경우 현장에서 손으로 마무리하는 디테일은 피한다.

\\ 참고:
지붕 경사도와 모양은 해당 건물 부지의 토지 종합 개발 계획에 의해 규정되어 있는 경우가 있다. 부지가 개발구역이고 토지 종합 개발 계획이 없다면, 주변 건물들과 조화롭게 계획하라고 건축 법규에서는 제안하고 있다. 특정 부지에 관한 정확한 규정은 해당 지방자치단체 건축 부서에서 제공받을 수 있다.

지역 특성에 따라 지붕 형태가 변화한다. 산악 지역에서는 보통 매우 넓은 오버행과 낮은 각도의 지붕을 많이 볼 수 있는 반면, 거리쪽으로 박공 장식을 한 가파른 경사지붕은 북유럽의 해안가 주택에서 많이 찾아볼 수 있다. 〉 지붕 종류 참고 그러나, 건물의 기능이 특정 지붕 모양을 결정짓기도 한다. 예를 들어 실내 테니스 코트는 공의 움직임을 방해하지 않도록 반원형 지붕 모양을 하는 반면, 일반적인 이벤트 홀은 다목적 기능 수행을 위해 평지붕 형태를 취한다.

서로 다른 지붕 종류가 결합하기도 하고, 이로 인해 복잡한 기하학적 디테일을 만들어내기도 한다. 이러한 복잡한 디테일은 시공 하자의 원인이 되어 누수 발생으로 직결되기도 한다. 따라서, 누수 방지를 위한 단순 구조가 선호된다.

지붕 구조는 크게 경사지붕과 평지붕으로 나눈다. 일반적으로 경사가 5도 이상이면 경사지붕으로 본다. 이 두 지붕 형태는 구조와 기능면에서 명쾌하게 구별되며 이 책에서는 각각 기술하였다.

0.1 하중과 힘

건축 정역학은 구조의 안정성을 다룬다: 질량과 가속도의 곱으로 힘을 정의하는 뉴튼의 법칙에 따라, 작용하는 힘과 그 효과가 계산된다. 법칙처럼 힘이 직접적으로 찾아지지는 않으며, 힘의 효과에 의해 간접적으로만 확인된다. 예를 들어 물체의 가속을 관찰하면 하나 또는 여러 힘이 작용하고 있음을 규명할 수 있다. 건물에서 정역학은 힘의 평형에 관한 이론이 된다. 건물의 다양한 부재는 움직이지 않아야 한다. 내력 또한 평형 상태 – 각 부재가 부하를 견뎌내야 한다는 의미–임을 확인하여야 한다. 이는 두께와 치수, 자재의 견고함과 탄성에 달려있다.

만약 하중이 건축부재를 압축하고 있다면 <u>압축력</u>이 발생한다. 부재에 영향을 미치는 힘이 부재를 서로 반대 방향으로 당기고 있는 경우 <u>인장력</u>이 발생한다. 반대의 힘이 하나의 부재에 서로 다른 지점에서 작용하면, 부재는 비틀리게 된다. 건축에서는 이런 뒤틀림을 <u>모멘텀</u>이나 <u>토크</u>라는 기술용어로 정의한다. 가해지는 최대 힘의 합은 하부 구조에 바로 전달되거나 흡수되는 전체 힘과 같다.

건물이나 시공부재에 작용하는 힘은 그 방향으로도 정의될 수 있다. 수직력과 수평력의 구별이 필요하다.

표 1:
하중

하중의 종류		지속성	주요 방향	정의
사하중	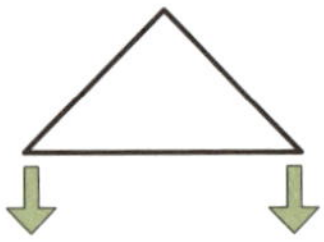	영구하중	수직	구조재의 양과 무게에 의해 계산 (KN/m^2)
부가하중	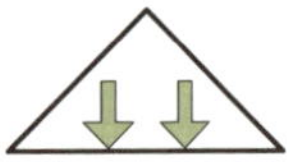	동적하중	수직	특정 목적에 따른 평균값 표 사용 (KN/m^2)
강설 및 결빙하중	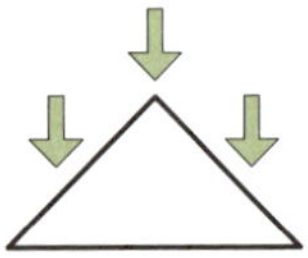	동적하중	수직	지붕경사와 강설면적에 따른 표 사용
풍하중	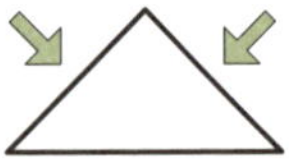	동적하중	다양	지붕경사와 풍하중 작용 면적에 따른 표 사용

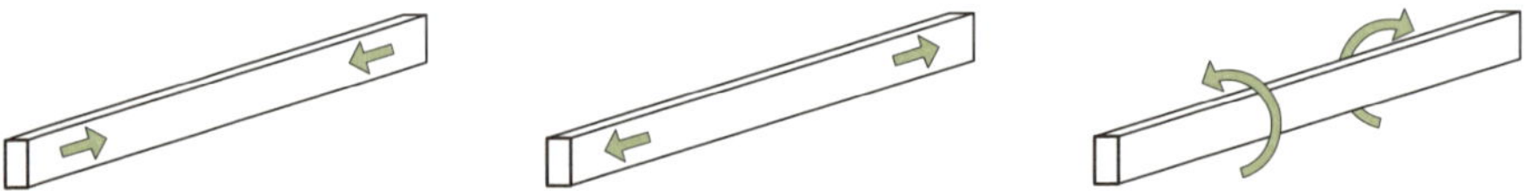

그림 1:
힘

건물에는 다양한 힘이 작용하고 있다. 이러한 힘은 계획 단계에서 충분히 고려되어야 하며 이러한 힘을 지중으로 전달할 수 있는 계획을 수립하여야 한다.

하중은 수평 및 수직 방향으로 작용 가능하다. 개별 하중의 확인은 지붕 공사를 위한 치수 작업의 기초가 된다. 설계자는 첫째로 어떤 자재를 사용할 것인지 결정하고, 그 자재 적용 시의 건물 자중을 계산한다. 사하중(dead loads)은 영구적인 하중으로 수직으로 아래 방향으로 작용한다. 그 다음으로는 건물 부가 하중(imposed loads)이 있는데, 가구나 사람 등 이동 가능한 물체들의 하중이다. 그러나 구조 설계 시에는 부가 하중과 관련한 모든 물체를 개별적으로 고려할 필요는 없다. 주거, 공장, 창고 등 건물 종류별로 평균 값을 사용한다. 개별 산정은 특별한 경우에만 요구된다. 일반적인 출입 계획이 없는 사선 지붕재 같은 구조재는 유지 관리 목적으로 또는 시공 시 사람이 걸을 수 있도록 한다. 이 것을 포인트 하중이라고 한다. 건물 부가하중은 사하중과 같이 수직으로 작용한다.

바람과, 눈, 얼음의 하중은 지붕의 외부로부터 작용한다. 강설과 결빙은 자체 무게로 인해 지붕에 압력을 가하고, 수직력을 발생시키지만, 풍하중은 수평력과 수직력 모두 발생시킬 수 있다. 이를 풍흡입력과 풍압력이라고 한다. 풍흡입력은 물체를 들어올리는 힘처럼 작용한다. 하중을 받는 구조재는 바람에 의해 날리는 것을 방지할 수 있어야 한다.

\\Tip:

하중 모음 표(표 1)에 개별 개념에 관한 기준을 나타내었다. 자재와 구조재의 개별 무게와 부가 하중, 강설 및 풍하중에 관한 가정이 전제되었다. 중요한 관련 규격은 부록에 수록하였다.

1. 경사지붕 (Pitched Roofs)

1.1 기초

대부분의 독립 주택의 지붕은 경사지붕의 형태이다. 경사지붕은 빗물 배수에 탁월하다. 내력구조재로는 보통 목재가 많이 쓰였으나 현대에 와서는 철골이나 콘크리트 구조도 쓰인다. 지붕 표면 아래의 삼각 단면은 수평 풍하중을 잘 흡수하고, 구조재에 전달한다.

지붕의 가장 높은 부분을 지붕마루, 아래쪽의 모서리를 처마라고 부른다. 사선형태로 형성되는 박공벽의 모서리를 박공이라고 한다. 〉 그림 2 참고 두 개의 지붕면이 교차할 때, 바깥쪽으로 향하는 교차면을 애리스(arris), 안쪽으로 향하는 교차면을 지붕곰이라고 한다. 지붕은 최상층 천정보다 높은 벽체 위에 세워지는데 이 벽을 틀받이 벽이라고 부른다. 지붕경사는 지붕면과 수평면의 각도로 정의하는데 내각을 사용한다. 홈통과 방수재는 백분율 단위의 구배라는 용어를 사용한다.

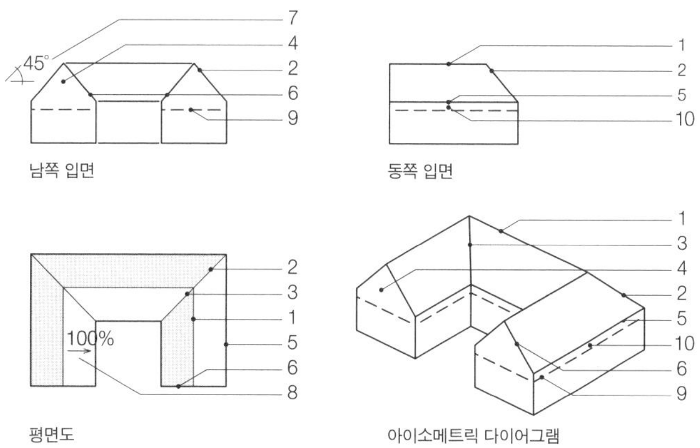

1 지붕마루 2 애리스(arris) 3 지붕골 4 박공벽 5 처마 6 박공 7 지붕경사 8 구배 9 천장 10 틀받이 벽

그림 2: 용어

그림 3:
외쪽지붕 - 박공지붕 - 망사르드지붕 - 모임지붕

1.2 지붕 종류

지붕의 형태와 박공의 각도에 따라 이름이 붙여진다.

외쪽지붕
Monopitch roof

경사면이 하나인 지붕을 외쪽지붕이라고 부른다. 외쪽지붕은 지붕마루와 처마쪽의 벽높이가 달라지게 된다. 따라서, 정원(주거)이나 거리(공공건물) 등 특정 방향에 면하여 건물을 배치할 경우에 적합하다.

박공지붕
Gable roof

두 개의 경사면이 지붕마루를 기준으로 나란히 놓이면 박공지붕이 된다. 박공지붕과 외쪽지붕은 경사지붕의 종류 중 가장 단순한 기본 형태이다.

망사르드지붕
Mansard roof

망사르드지붕은 2단으로 경사진 지붕으로 지금은 많이 활용되고 있지 않다. 지붕마루쪽이 완경사, 처마쪽이 급경사로 지붕 공간 활용에 효과적이다.

경사지붕 아래의 벽이 지붕밑까지 올라와 있으면 박공벽을 형성하게 된다. 이 벽면이 거리나 광장과 면하게 되는 경우를 서양건축사에서는 흔히 볼 수 있다. 처마면이 파사드가 되는 경우는 드문편이다.

모임지붕
Hipped roof

경사면이 사면인 경우를 모임지붕이라고 부른다.

뾰족지붕
Pavilion roof

뾰족지붕은 외벽의 높이가 같고 지붕면은 하나의 지점에서 만난다.

반 모임지붕
Half-hipped roof

박공면과 모임지붕이 결합된 형태를 반 모임지붕이라고 한다.

반원형지붕
Barrel roof

원통형 볼트형태의 지붕을 반원형지붕이라고 부르며, 모든 면에서 커브형태인 경우를 돔이라고 부른다.

쉐드지붕
Shed roof

쉐드지붕은 톱니처럼 배열된 소규모의 외쪽지붕이나 박공지붕 모양이다. 경사면은 일반적으로 유리를 사용하는데, 전체를 유리로 사용하는 경우가 일반적이다. 넓은 공간의 천창용도로 많이 사용된다.

그림 4:
뾰족지붕 - 반모임지붕 - 반원형 지붕 - 쉐드지붕

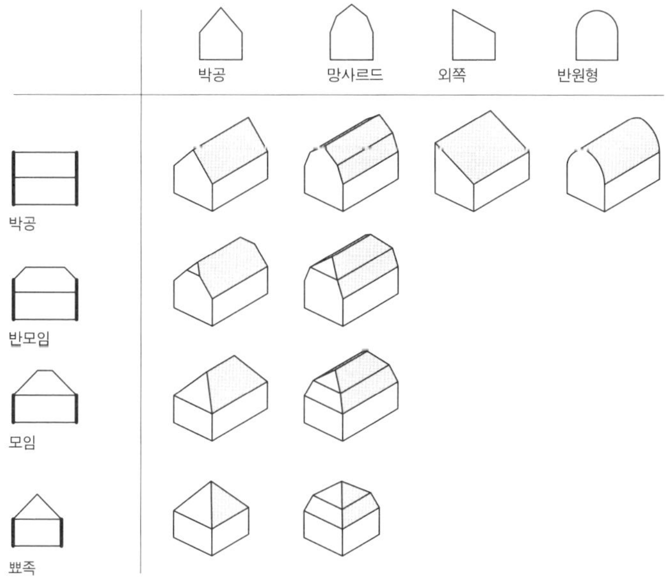

그림 5:
지붕형태

\\ 참고:
지붕 공간이 제대로 활용되려면 사람들인 편하게 사용할 수 있다고 알려진 최소 높이인 2.2 m 이상을 확보한다.

\\ 참고:
다락층의 유효면적을 계산할 때, 높이가 1~2 m 인 면적은 1/2로 산정하고, 높이 2 m 이상을 면적으로 산정한다. 높이가 1m 미만인 면적은 다락층 면적에서 제외한다. 그러나, 실제 프로젝트에 있어, 면적계산 조건은 적용 국가별 기준을 확인 후 따르도록 한다.

이 책에서 설명한 용어들은 다양한 지붕형태를 잘 설명하기 위하여 서로 결합되어 사용되기도 한다. 예를 들어, 망사르드 모임 지붕과 같은 경우이다. 박공면이 하나인 지붕의 경우 특별히 정의된 이름은 없으며, 박공, 망사르드, 외쪽지붕과 같은 단순 용어를 사용한다.

1.3 지붕창

지붕창 역시 기본적인 지붕 형태이다. 지붕창은 부수적으로 다락공간을 제공하면서, 지붕공간에 빛을 제공함과 동시에 그 자체가 외관 디자인의 하나로 활용된다. 빛의 입사각이 낮은 경우에는 수직벽면의 유리창보다 지붕의 경사각에 따른 입사가 더 효과적일 수 있다. 박공벽에는 창문이 선호되고 있다. 지붕창의 너비는 서까래 하나 두개 간격 이하로 한다. 〉지붕 구조 참고 지붕창을 위한 추가적인 내력재가 필요한 경우도 있다. 내력재는 창틀에 고정된다. 지붕창이 경사는 지붕 마감을 위해 지정한 최소 지붕 경사보다 낮아서는 안된다. 〉지붕 마감 참고 지붕창 표면재는 밀도, 습기, 단열 등 지붕재의 요구사항을 모두 만족시켜야 한다.

쓰레받기지붕창
Dustpan dormer

지붕창의 형태는 어떤 마감재를 사용하느냐에 달려있다. 쓰레받기지붕창의 지붕경사는 주지붕 경사보다 완만하다. 삼각형의 수직벽면이 옆면에 형성되게 된다.

박공지붕창
Gable dormer

박공지붕창 역시 삼각 수직벽면이 생기지만 주 지붕과는 지붕골에서 만나게 되며 거리에 면하는 박공지붕을 형성한다.

삼각지붕창
Triangular dormer

삼각지붕창은 박공면이 삼각으로 계획될 때 생긴다.

눈썹지붕창
Eyebrow dormer

지붕에 얕은 활 모양으로 난 지붕창을 말하며 지붕면이 연속되는 가운데 만들어진다. 눈썹지붕창은 대체적으로 높이에 비해 너비가 열배 정도 넓다. 쓰레받기지붕창과 같은 지붕높이가 필요하다.

그림 6:
쓰레받기지붕창 - 박공지붕창 - 삼각지붕창

그림 7:
눈썹지붕창 - 우안지붕창 - 반원형지붕창

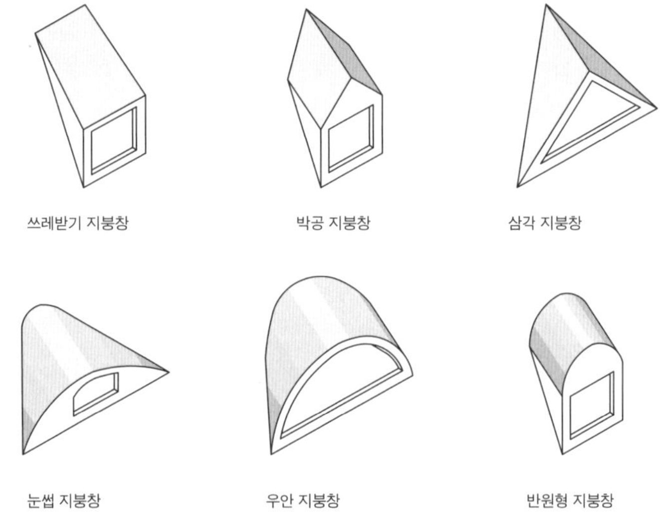

그림 8:
지붕창

우안지붕창
Bull's eye

우안지붕창은 박공면이 반원형태로 만들어진것을 말한다. 다양한 형태의 지붕 커버링이 가능하지만, 원형부위는 금속 쉬트나 유연성 있는 재료가 사용되어야 한다.

반원형지붕창
Barrel dormer

수직으로 선 벽체위에 반원형 지붕으로 마감한 경우 반원형지붕창이라고 부른다.

그림 9:
목재 내력구조

1.4 지붕구조

형태 뿐만 아니라 구조에 따라서도 지붕을 구별할 수 있다. 소규모 주택의 경우 목재가 아직도 주요 자재로 활용되고 있다. 목재는 압축력과 인장력을 잘 흡수하고 가격면에서도 합리적이며 현장 작업이 용이하다. 대형 스팬인 경우, 내력구조용으로 철골이나 프리스트레스 콘크리트 빔이 이용된다. 이런 내력재들은 구조적인 면 뿐만 아니라 특정 디자인 효과를 위해 활용되기도 한다.

경사지붕에는 맞댄지붕, 조름대지붕, 중도리지붕의 세가지 기본 내력시스템이 있다.

(1) 맞댄지붕

맞댄지붕은 'ㅅ자' 지붕이라고도 부르며 단순한 삼중 틀 형태이다. 구조를 단면으로 보면, 두개의 서까래가 서로 기대고 있으며 이것은 지붕층 아래 바닥면과 연결되거나 삼각형 형태를 만들면서 지붕보(tie beam)에 연결된다. 이 삼각 프레임을 서까래 쌍이라고 부른다. 각 부재들은 안전하게 연결시키는데, 자유롭게 움직일 수 있는 힌지 고정으로 한다. 맞댄지붕은 몇개의 서까래 쌍으로 구성된다. 서까래 사이는 70 ~ 80 cm 간격으로 90 cm 이상 넘지 않도록 배열한다. 서까래는 서까래 자중과 설하중을 견딜 수 있도록 설계한다. 〉하중 참고 서까래를 연결하는 지붕보는 서까래 쌍을 당기고자하는 인장력을 흡수한다. 따라서, 서까래와 지붕보 또는 서까래와 천장의 연결은 벽체나 하부 지지재로 흐르는 힘을 전달해 준다. 전통적인 목공 디자인에서는 지붕보는 처마까지 삼각 프레임보다 가로로 돌출되어 나오는데 이 부분을 박공부재(verge member) 라고 부른다.

박공 부재
Verge member

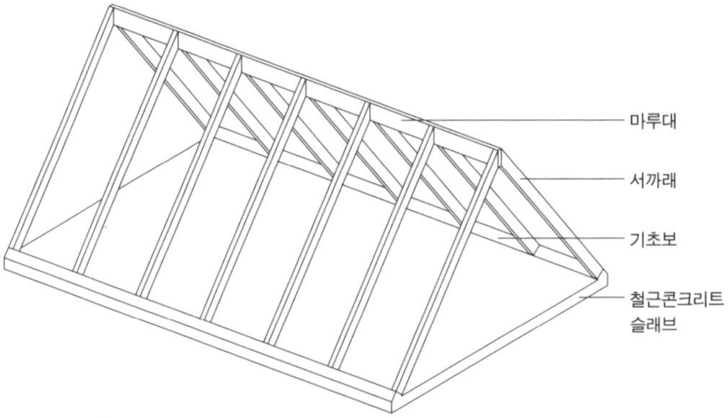

그림 10:
맛댄지붕 아이소메트릭 다이어그램

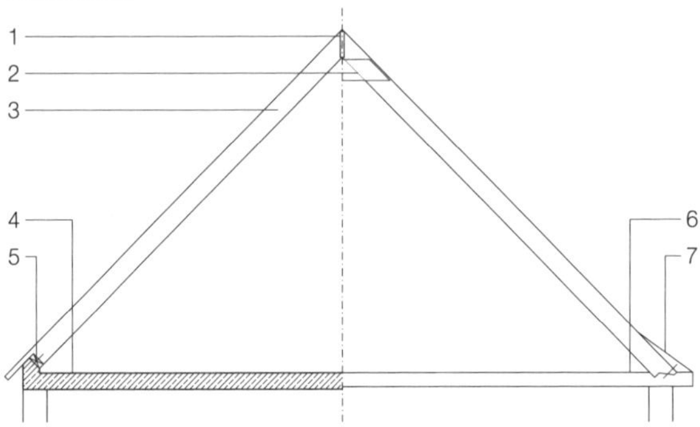

1 마루대
2 맛대기덧판이음
3 서까래
4 철근콘크리트 슬래브
5 푸터 (footer)
6 이음보
7 처마널

그림 11:
맛댄지붕 단면도

처마널
Eaves board

박공 부재는 보통 20 cm 이상이다. 지붕 커버링이 건물 끝단에서 벽에 맞춰 마무리될 수 있도록 처마널을 덧대어 지붕이 박공부재까지 연장되도록 한다. 이 작업으로 지붕면에 커브가 형성되고 경사도가 살짝 변화하게 된다.

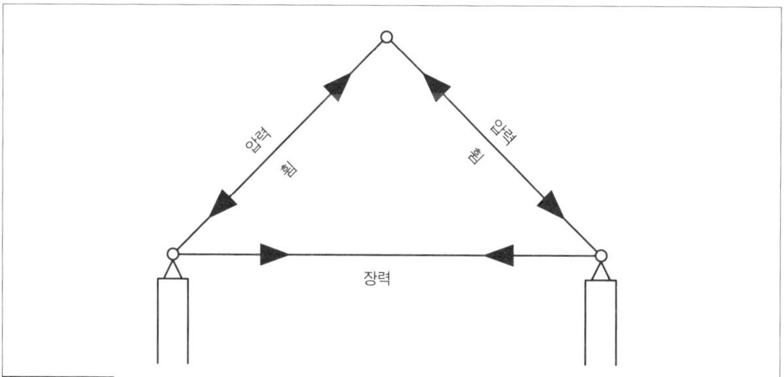

그림 12:
맞댄지붕의 하중분포

그림 13:
맞댄지붕 보강의 예

요즘에는 돌출 지붕에 콘크리트 링 빔 (ring beam) 이 더 많이 쓰이고 있다. 스팬드럴 빔이나 바닥면은 대각선 방향의 힘을 서까래로부터 링 빔으로 전달한다.

마루대
Guide member

마루대는 서까래를 맞대기 위해 지붕마루 부위에 사용하는 가이드 부재이다. 마루대는 서까래를 길이방향으로 연결하지만, 세로방향의 힘에 대한 충분한 보강을 추가적으로 해야 한다. 서까래에 대각선으로 목재 스프로킷 (sprocket) 이나 금속 스트립으로 연결하거나 판재를 추가로 보강하기도 한다.

맞댄지붕의 경사는 대략 25° 에서 50° 사이이며 적당한 스팬 간격은 8m 정도이다. 이보다 넓어질 경우 필수 목재 단면적의 경제성을 찾기가 어려워진다. 모든 하중이 종방향 벽체로 전달되므로 무주공간 계획시 자주 활용된다. 맞댄지붕은 지붕창이나 넓은 면적의 천창과 관련 보조목 같은 특별한 구조물을 시공하는데는 적당하다고 하지 않다. 〉트리밍 참고

(2) 조름대지붕

조름대지붕
Collar roof

조름대지붕도 맞댄지붕처럼 삼각 프레임의 기본형태를 가진다. 조름대가 가로로 서까래 중간부분을 연결시켜주므로써 서가래 휨을 줄여주고 장스팬을 가능하게 한다. 구조적인 이유에서 조름대는 서까래를 중심으로 쌍으로 배열하고 서까래 옆면에 고정시킨다. 서까래 중간 부분이 구조적으로 가장 안정적인 조름대의 위치이다. 조름대는 다락공간 높이를 확보하기 위해 전체 지붕 높이의 65~75%에 설치하기도 한다. 지붕마루와 처마의 디자인과 종방향 보강은 맞댄지붕과 같은 방식으로 한다.

조름대지붕은 지붕경사가 45° 이상, 스팬 간격이 10~15 m 일 경우 가장 경제적이다.

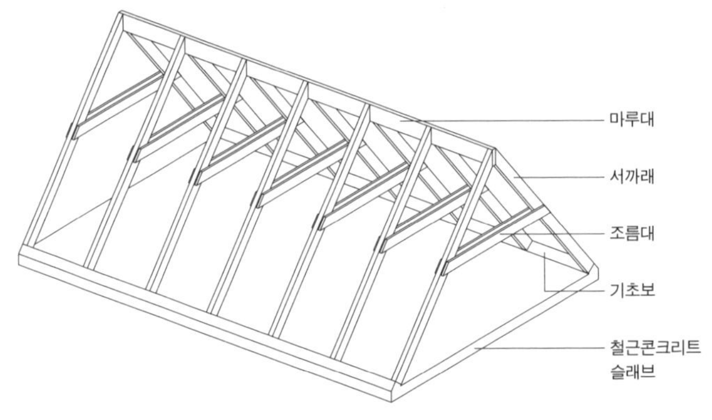

그림 14:
조름대지붕 아이소메트릭 다이어그램

\\ 참고:
스팬은 지지되지 않는 구조재에 의해 연결된 길이로 정의한다. 맞댄지붕과 조름대지붕의 경우, 이 길이가 건물의 너비가 된다.

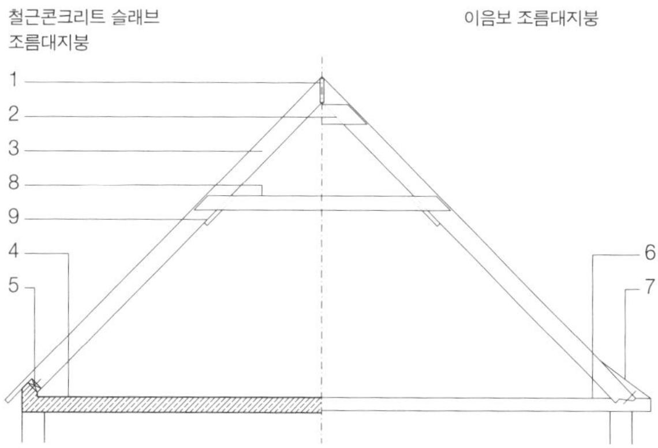

1 마루대
2 맛대기덧판이름
3 서까래
4 철근콘크리트 슬래브
5 푸터 (footer)
6 기초보
7 처마널
8 조름대
9 내력 블럭

그림 15:
조름대지붕의 단면

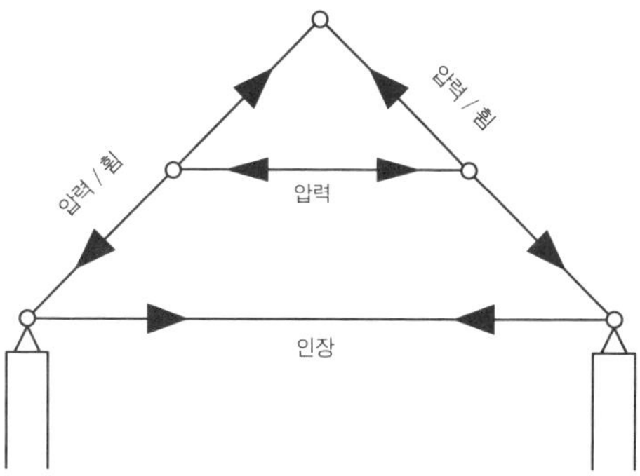

그림 16:
조름대지붕의 하중분포

(3) 중도리지붕

중도리지붕
Purlin roof

중도리지붕은 서까래를 지지해주는 가로부재 - 중도리로 보강한 지붕을 말한다. 중도리는 외벽, 기둥에 의해 지지된다. 서까래는 중도리로 전달되는 굽힘

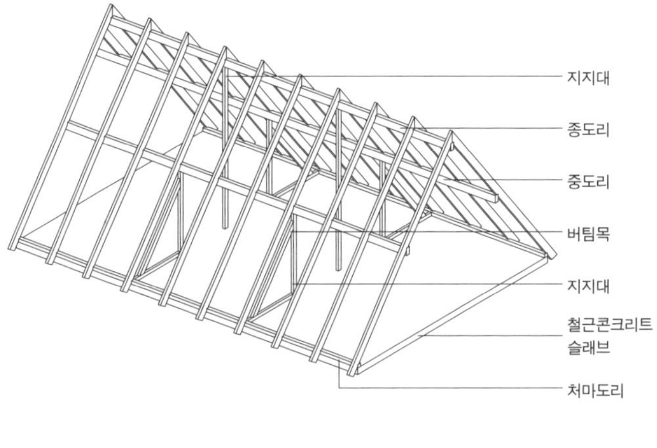

그림 17:
중도리지붕의 아이소메트릭 다이어그램

지지대
Posts

버팀목
props

하중 (bending loads)을 받는다. 지지대는 가새 등을 사용하여 횡방향 풍압을 견딜 수 있도록 한다. 버팀목은 지붕경사와 평행하도록 서까래와 일정한 간격을 두고 설치한다. 버팀목은 지지대 옆을 고정시켜주며 지붕의 횡력을 흡수한다.

기본 중도리지붕의 단순한 형태는 서까래가 마루대와 처마도리에 놓여지는 형태이다. 마루대에 가해지는 부하는 지지대를 따라 전달된다. 이런 가장 기본적인 형태를 단순 혹은 단일 중도리지붕이라고 부른다. 서까래 중앙에 마루대가 설치되고, 하중이 중도리와 처마도리로 분산되는 경우를 이중 중도리지붕이라고 부른다. 서까래의 간격이 좁아지면 처침의 정도가 줄어든다. 횡하중 보강을 위해 조름대가 사용될 수도 있다. 평면이 특별히 넓은 경우, 처마도리, 마루대, 종도리로 하중을 분산하는 삼중 중도리지붕이 사용된다.

중도리지붕은 다목적으로 활용되는 전형적인 지붕구조 형태이다. 서까래 시스템은 독립적이고 다양한 합성 지붕의 사용도 가증하다. 굴뚝과 지붕창 설치도 용이하다. 〉 트리밍 참조

중도리지붕에서 지붕경사는 마음대로 선택할 수 있다. 중도리 사이의 서까래 길이는 4.5m가 적당하다.

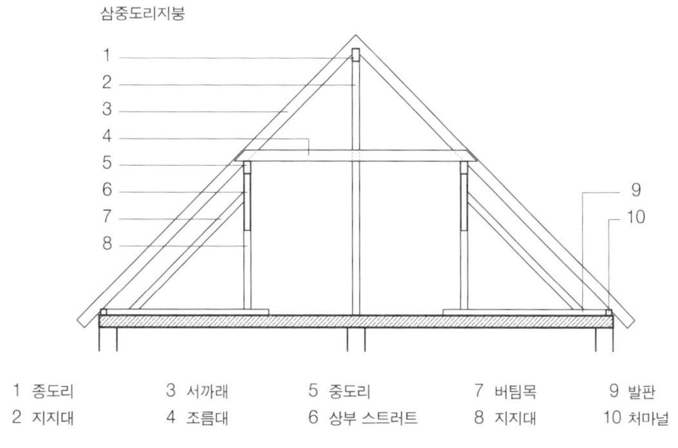

그림 18:
중도리지붕의 단면

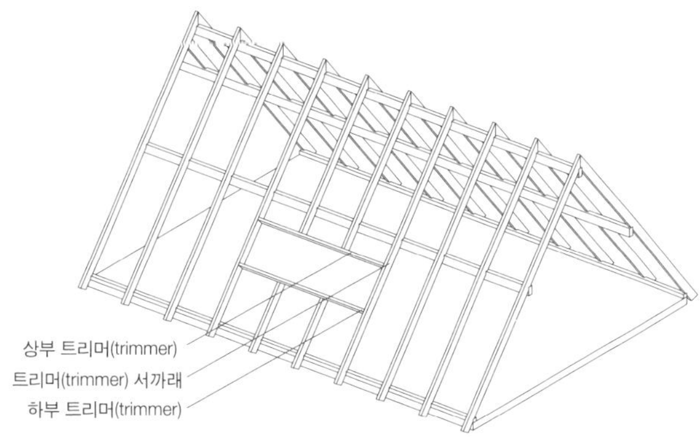

그림 19:
중도리지붕에서의 트리머(trimmers)

이러한 구조를 사용할때, 지지대로부터의 하중은 건물 내력구조로 전달될 수 있음을 명심하여야 한다. 지지대는 내력벽, 연결부위, 수직새위에 위치하도록 한다.

서까래가 7m 보다 길다면 마루대, 처마도리뿐만아니라 중도리가 필요하다. 이 경우, 수직재에 의해 힘을 직접적으로 내력벽체로 전달한다. 바닥 평면구조로 인해, 내력벽체로의 직접적 힘의 전달이 어려운 경우, 트러스를 사용한다. 마루대 하부의 수직재는 수직하중이 수평으로 전달되는 조름대나 수평대에 의해서만 힘을 전달한다. 조름대 위쪽의 서까래 삼각 구조는 맛댄지붕의 형태가 된다.

(4) 트리밍 (Trimming)

트리머
Trimmers

지붕공간을 활용하고자 한다면, 굴뚝이나 지붕창과 같이 서까래 간격보다 넓은 개구부가 필요한 경우가 있다. 이러한 경우 서까래 중간을 뚫어서 공간을 만든다.

트리머는 수평보의 일종으로 하중을 서까래에서 개구부 측면에 위치하는 트리머 서까래로 전달해 주는 역할을 한다. 서까래와 같은 사이즈의 목재가 이상적이다. 다른 구조재는 레벨차이가 생기지 않게 설치한다.

(5) 천창과 지붕창 (Roof windows and dormers)

지붕 조명
Roof-lights

일조와 환기 제공을 위한 천창 계획은 지붕 공간을 어떻게 활용할 것인지에 대한 계획부터 시작해야 한다. 지붕층이 사용되지는 않지만 출입 가능하도록 계획하였다면, 지붕 조명을 권한다. 이것은 지붕 마감에 직접 설치할 수 있다. 방풍이나 단열 등이 따로 필요치 않으며 비용도 적절하고 유지 관리가 용이하다. 실내에 기본적인 일조를 제공할 뿐만 아니라 지붕공간에서 지붕 검사도 가능하게 하고, 지붕 마감과 홈통 확인이 가능한 조도를 제공한다. 건물이 매우 높거나 특이한 형상이어서 사다리를 타고 지붕에 올라가는 일이 불가능하거나 매우 힘든 경우, 지붕 조명은 매우 중요한 요소가 된다.

지붕층이 거주나 사무, 작업을 위한 공간로 사용된다면, 적절한 조명은 매우 중요하다. 창면적의 기준은 바닥면적의 최소 1/8이상으로 한다. 박공지붕의 파사드창, 지붕창, 천창 모두 빛과 환기를 제공하는데 사용된다. 지붕창과 박공의 세로 창문은 쉽게 더러워지지 않고, 강우시 빗물이 직접적으로 유리면에 흐르지 않는다는 장점이 있다. 동시에 창문 가까이 다가서 주변경관을 조망할 수 있다. 화재시, 이차 비상구로 활용 가능하며 (일차 비상구는 계단실), 사람들의 출입이 용이하도록 크게 계획한다.

\\ 참고:
화재 비상구로서의 천창에 관한 최소 시방이 법규화 되어 있다. 대부분의 경우 창문은 90 cm × 120 cm 로 사용되며 파라펫의 높이는 최대 120 cm 이하로 만들어 내부에서 올라갈 수 있도록 한다. 창문은 처마에서 120 cm 이상 떨어지지 않도록한다. 그렇지 않은 경우에는 구조시설을 설치하도록 한다. *DIN규격

지붕공간의 환기를 위해서는 뜨거운 공기는 위로 떠오른다는 사실을 계획단계부터 충분히 고려하여야 한다. 지붕 공간이 지붕마루 부분에서 열려 있다면, 뜨거운 공기가 지붕 위쪽으로부터 배출되고 있다는 것을 확인하기 위한 측정이 필요하다.

천찬
Windows in the roof

지붕면에 바로 설치하는 창문은 보통 프리패브 부재를 사용한다. 다양한 지붕 마감과 옥상 마감을 위한 여러 제조사의 연결 부품들이 시중에 많이 나와 있다. 제품들은 서까래의 일반적 간격 (70~90 cm) 과 일치한다. 천창은 서까래 두 개의 간격, 즉 하나의 서까래면, 혹은 몇개의 서까래면에 걸쳐 설치할 수 있다. 서까래 여러개에 걸치는 경우 트리머가 필요하다. › 트리밍 참고 창문이 열로 배열되는 경우, 복합 마감틀을 사용하여 트리머 없이 몇 개의 창을 배치할 수 있다. 창문의 높이는 대략 1.6 m 로 제한된다. 이 보다 높아지게 되면 개폐가 비실용적이며 창문의 무게도 증가하게 된다. 넓은 면적의 창이 필요한 경우, 아래 위 두 개의 틀로 나누어 설계하도록 한다. 파라펫 높이는 일반적으로 0.85 ~ 1 m 사이인데, 주방과 욕실은 높은 파라펫이 사용된다. 지붕 경사가 낮아지면 최소 높이 확보가 필요한 창면적이 커진다. 천창 계획 시, 지붕 구조 내부의 환기 단면에 영향을 주지 않도록 고려해야 한다. 창문 주변의 공기 순환이 원활하도록 한다. 쉬트 스트립을 창문의 모든 면에 부착하여야 하며, 창문 위에 웨지를 설치하여 물의 흐름을 지연시키지 않도록 한다. 단열재는 천창 바로 위에 시공하고 사이간격은 반드시 충진재를 사용하여 채워야 한다. 방습층을 창의 모든 면에 설치하여 내기의 수분이 단열층으로 투과되지 않도록 한다.

천창의 개폐방법에 따른 분류는 다음과 같다. 스윙창문은 옆면의 중앙을 고정하여, 열었을 때 위쪽 반은 지붕공간 안으로, 아랫쪽 반은 외부로 나가는 형태가 된다. 힌지창문은 위쪽 모서리를 고정하여 창문 전체가 위쪽으로 움직여 바깥을 향하도록 열릴 수 있다. 힌지창은 외부로부터의 청소가 어려우므로 접이나 스윙창과 결합한다. 힌지창문은 슬라이딩 기능을 추가하여 사용하기도 한다.

천창을 설치할 때는 창문과 인접 건물, 대지 경계 사이의 충분한 거리를 확보하여야 한다. 천창은 내화벽체로부터 약 1.25 m 이상 이격한다. 테라스 하우스의 경우 박공면을 도로변으로 향하게 하고, 〉 지붕종류 참고 창은 처마로부터 최소 2 m 이상 거리를 확보한다. 천창은 법규상 지붕창이 허락되지 않는 경우에 사용된다.

지붕창
Dormers

지붕창은 유효 높이를 더 필요로 한다. 따라서 지붕공간의 조명을 위해 지붕창을 사용할 경우, 추가적으로 유효공간이 발생하게 된다. 지붕창의 내부 높이는 최소 2 m 이상으로 설계하며, 천창인 경우는 파라펫 높이를 0.85 ~ 1 m 사이로 한다. 소형 지붕창은 서까래 위에 서까래와 같은 간격 (약 70 ~ 80 cm)으로 설치 가능하다. 넓은 지붕창에는 트리머가 필요하다. 맞댄지붕의 경우 일반적으로 지붕창 너비가 서까래 간격의 두배까지로 제한된다. 중도리지붕은 서까래에 가해지는 부하를 지지대에 의해 수직으로 천장에 전달할 수 있기 때문에 서까래를 더 여러개 가로지르는 대형 지붕창이 가능해진다.

지붕창의 정면은 지붕창 트러스(dormer truss)로 불리는 사각 목재 프레임이 많이 사용된다. 이는 서까래나 직접적으로 중간층 바닥에 올려지는데, 지붕창 트러스가 중간층 바닥위에 설치되는 경우 지붕창 트러스와 처마 사이의 공간은 일반적으로 막힌 공간으로 구성한다. 쉐드지붕창은 키(Key)서까래가 트리머서까래 바로 위에 위치하고, 지붕창 끝에서 지붕창 트러스에 의해 지지된다. 삼각형 모양의 옆면을 지붕창볼이라고 부르는데, 이 면적은 tongue-and-groove 쉬트나 다른 평평한 재료로 보강한다. 지붕창의 옆면(지붕창볼)은 전체 지붕과 마찬가지로 단열과 기밀에 주의하여야 한다. 지붕창볼은 경사면 적용이 용이한 금속이나 슬레이트 클래딩 마감이 일반적이다. 더 많은 빛의 유입을 위해 옆면 또한 유리를 사용하기도 한다.

지붕창의 너비는 사용하고자 하는 자재의 유효 스팬 간격에 의해 결정된다. 너비 × 팬타일 (pantiles) (또는 다른 커버링 자재) 의 개수로 계산 가능하다. 제외 부위를 계산할 때에도 이와 같은 방법으로 가능하다.

공기가 짧다면, 프리패브 지붕창 설치를 권장한다. 기존 지붕에 하루만에 설치 가능하고, 짧은 기간 내에 수밀한 지붕 공사가 가능하다.

1.5 구조재의 구성

(1) 지붕 마감

지붕 마감의 주요 기능은 빗물을 잘 배수하고 강설 등으로 인한 침습을 방지하는데 있다. 지붕 마감은 방수, 내후성을 반드시 확보하여야 하며, 방화 기능도 갖추어야 한다. 지붕 마감은 실내에서 실외로의 습기 전달성능 또한 확보하여야 하며, 마감 하부의 구조재를 바람으로부터 보호하는 역할을 한다. 지붕 마감재 선택의 핵심은 디자인에 있고 그 다음으로 지붕 경사와 지붕 형태에 의해 결정된다. 지붕골과 각은 flat-tails과 같은 소형 부재로 조금 더 쉽게 시공할 수 있으며 〉평부재 참고, 지붕의 넓은 면은 팬타일 (pantiles)로 쉽고 경제적으로 시공한다. 그러나, 대부분의 마감재는 지붕경사의 일정 각도까지만 가능하다. 특정 지붕 마감재에 대한 제조사가 정한 지붕 경사는 다른 언급이 없는 한 항상 최소 경사로 본다. 마감재 공급이 어려운 지역에서는, 물이나 먼지가 구조층이나 단열층으로 침투하는 것을 방지하기 위해 언더레이(underlay)를 사용한다. 〉방수 참고 다양한 재료로 다양한 종류의 지붕 마감재가 생산되고 있다.

초가지붕
Thatched roof

초가지붕은 고대로부터 사용되어온 지붕 마감의 형태로서, 현재는 국지적, 산발적으로 나타나며, 갈대나 짚이 쓰이고 있다. 초가지붕에는 45° 이상의 지붕 경사각이 필요하다. 이상적으로는 50° 에서 하부구조에 반하는 건초를 바람이 내리누르고, 부력의 비율이 낮아지게 된다. 건초는 다발 형태로 프레임에 고정된다.

평판재
Flat elements

평판 지붕 마감재로는 목재, 석재, 콘크리트, 점토 등이 사용된다. 지붕경사는 쉉글의 길이, 개별 쉉글의 겹침, 구조층의 수에 따라 달라진다. 단순한 이중층 쉉글지붕은 수직경사도가 거의 평지붕에 가까운 최소 70° 이상인 경우에만 가능하다. 삼중층의 경우에는 22°까지도 가능하다.

평석부재는 일반적으로 사각, 예각, 부채꼴, 비늘모양의 슬레이트 형태로, 개별 규칙에 따라 프레임에 고정시킨다. 슬레이트 마감의 기본 지붕경사는 25~30° 사이이다.

콘크리트나 점토타일도 제품화되어 있다. 모서리나 관통부분과 같은 특정부위에 맞춤주문이 가능하다는 장점이 있다. 타일이 지붕 외(lath) 위에 놓여진다면 업스탠드 시공이 필요하다. 콘크리트나 점토타일의 기준경사는 25~40° 이다.

프로파일 타일
Profiled tiles

평판이 아닌 측면에 각이 있는 형태의 지붕 마감재는 일반적으로 프로파일 타일이라고 부르며 점토나 콘크리트로 만들어진다. 제품화된 평판타일과 마찬가지로 특정부위를 위한 맞춤제작이 가능하지만 다른점은 겹치는 면이 3면이라는 점이다.

암키와와 수키와
Under-and-over tiles

암키와와 수키와는 가장 오래된 프로파일 타일의 형태이다. 수키와(상부)는 볼록하여 물이 아래로 흐르고, 암키와(하부)는 오목하여 홈통으로 흐를 수 있도록 한다. 현대적인 타일의 업스탠드는 상부와 옆면이 결합되는 형태이다. 각타일의 기준 지붕경사는 종류에 따라 22~40° 이다.

\\ 참고:
특정 지붕 마감에 있어 기준 지붕 경사에 관한 정밀한 디테일은 지붕에 관한 고급 레벨의 서적을 참고하기 바란다. "Roof Construction Manual - Pitched Roofs", Eberhard Schunk et al., Birkhauser Publishers 제조사 제품설명서 등

그림 20:
초가지붕

그림 21:
평판 지붕 마감: 나무 너와

그림 22:
평판 지붕 마감: 슬레이트

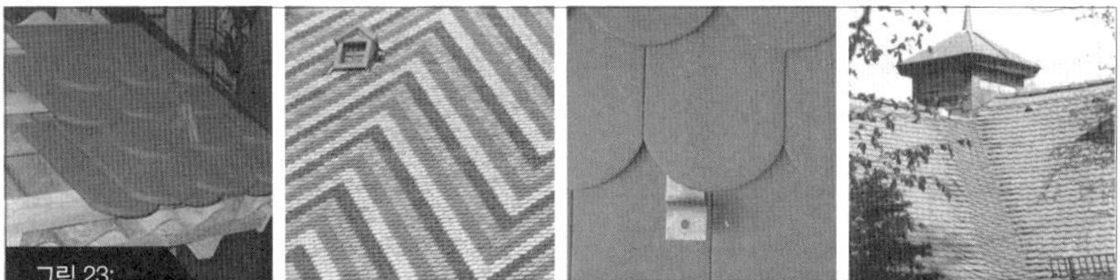

그림 23:
평판 지붕 마감: 평판 타일

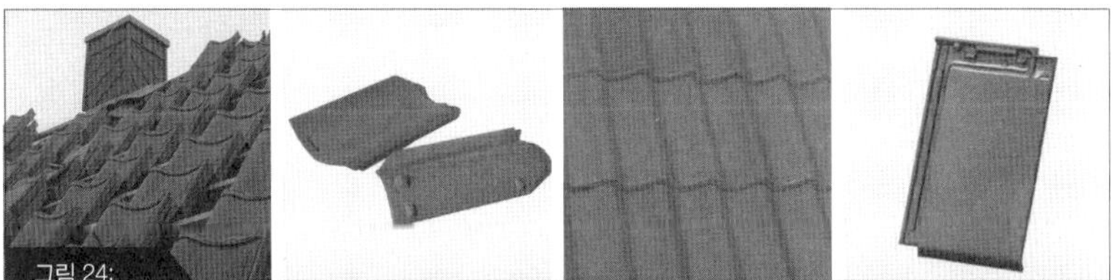

그림 24:
지붕 마감: 프로파일 타일

골타일과 같이 넓은 면 형태의 마감재도 다양한 재료로 가능하다. 섬유질시멘트 골타일이 흔한 예이다. 겹침은 1m 정도로 시공한다. 모서리, 교차점, 업스탠드 등 다양한 부위를 위한 제품이 있다. 이들은 지붕경사 12° 이하에서 사용한다. 비튜멘 골타일은 낮은 지붕 경사에 적합하다.모서리나 연결부위는 일반적으로 금속 쉬트를 사용한다.

산업용
Industrial construction

금속재는 기준 지붕경사 5° 까지도 사용 가능하다. 이런 금속 마감은 아연도금한 강철, 구리, 알루미늄 합금이 많이 쓰인다. 섬유질 시멘트나 비튜멘 마감재, 사다리꼴단면 쉬트와 같은 원칙으로 골판단면 쉬트처럼 시공한다. 다양한 모양과 크기의 사다리꼴 금속 쉬트가 가능하다. 이들은 얇고, 접힌 형태로 만들어지는데 모서리는 내력재로 최적화되고 장스팬에서 하중전달이 가능하다. 사다리꼴 금속 쉬트는 단열재를 충전한 합성 쉬트로 제품화되며, 특히 산업용으로 많이 쓰인다. 지붕의 불투수성을 확보하기 위해 쉬트의 모서리는 업스탠드를 통해 겹쳐지거나 결합되는 형태로 한다. 꿸대 (battens)에 못, 볼트 클립 등으로 고정한다. 금속 커버링을 시공할 때에는 타금속과의 접촉부식을 방지하는 것이 중요하다. 따라서, 중도리가 콘크리트나 상이한 금속재인 경우에는 분리층을 커버링 하부에 설치하여야 한다. 〈 평지붕, 구조재의 구성 참고

띠장
Strips

띠장은 금속 마감의 다른 형태로, 납, 알루미늄, 동, 스테인리스나 알루미늄 합금으로 만든다. 띠장은 보통 500~1500 mm 폭으로 열이나 층으로 설치한다. 옆모서리는 웰트나 말아넣기, 또는 겹침마무리한다. 쉬트의 가로 끝부분은 겹침이나 가로 웰트로 마무리한다. 다른 구조재, 또는 끝단과의 연결은 젖혀진 쉬트 메탈로 수작업한다. 기준경사는 5° 이며 더 낮은 경사에서는 추가적인 사전 주의가 필요하다.

지붕꿸대
Roof battens

(2) 지붕 꿸대

평판형 지붕 마감재는 지붕 꿸대위에 나사못, 볼트, 클립으로 고정되고, 기와는 지붕 꿸대위에 얹혀진다.

꿸대의 치수는 마감재의 무게와 서까래 간격에 의해 정해진다. 평균적으로 서까래 간격이 30 cm 이하일때는 24/48 mm, 80 cm 인 경우에는 30/50 mm, 100 cm 에는 40/60 mm 가 쓰인다. 목재의 품질 또한 치수 산정시 고려하여야

그림 25:
기와지붕

그림 26:
프로파일 타일

한다.

서까래 간격
Calculating spacing between rafters

서까래 수평 간격은 지붕경사와 마감재의 종류에 달려있다. 제조사, 제품별로 다른 값이 권장되고 있다. 마감 면적의 길이가 정해져야 하는데 이는 대략 서까래 길이와 동일하다. 지붕의 하부 모서리는 특별한 경우이다. 설계자는 전체적인 구조와 관련하여 기와의 마지막열이 서까래 끝 아래로 내려오게 할 것인지, 같게 할 것인지, 또는 상향경사로 마무리 할 것인지를 결정하여야 한다. 일반적으로 기와 겹침 부위와 상응하여 돌출하도록 한다. 이를 처마하부층 치수로 정의한다. 지붕마루 부위에서 지붕 펠대위의 마감재 겹침을 위해 일정 공간이 필요하다. 이를 지붕마루층 치수라고 정의한다. 필요열수와 펠대간의 간격을 계산하기 위해 지붕마루층과 처머하부층 치수는 전체 마감 길이에서 제외하여야 한다. 남은 길이는 제조사에서 제시한 기와 겹침길이로 나누어 간격을 산정한다.

지붕의 너비에 필요한 기와수 또한 제조사 권장 치수 기준으로 계산한다. 굴뚝이나 파라펫 같은 삽입구조물이 있는 경우 정확한 간격 계산이 필요하다. 표 이외의 서까래와 펠대의 안전 간격을 위해서는 정역학적 시험이 필요하다.

그림 27:
지붕꿸대

표 2:
지붕꿸대 단면

꿸대 단면 치수 (mm)	축 너비 (m)	DIN 4074 목재 등급
24/ 48	~ 0.7	S 13
24/ 60	~ 0.8	S 13
30/ 50	~ 0.8	S 10
40/ 60	~ 1.0	S 10

교차꿸대
Cross battens

평판마감재 언더레이나 지붕경사가 22° 보다 낮은 경우에는 교차꿸대가 필요하다. 습기가 자유롭게 배출될 수 없는 중간 지붕마감이나 지지시스템에도 적용된다. 〉방수 참고

\\예시:

샘플 지붕꿸대 간격 계산:
전체 마감 길이 : 7.08 m
처마하부층 : 32 cm (시공예정)
지붕마루층 : 4 cm (제조사 제품사양)
간격계산용 길이 : 7.08 m - 0.32 m - 0.04 m = 6.72 m
평균 꿸대간격 : 0.33 m (제조사 제품사양)
기와열수: 6.72 m / 0.33 m = 20.4 rows, → 20 열
제조사에서 제공한 꿸대간격인 0.33 m 가 지붕경사에 적합한 수치인지 확인해야 함.

\\Tip:

교차꿸대가 언더레이에 절대적으로 필요하지는 않다. 언더레이는 약간 처지게 고정하여, 투과되는 어떤 물도 지붕꿸대 아래로 안전하게 배수시킬 수 있게 한다. 이때 교차꿸대가 권장되며, 대부분의 언더레이는 시간이 지남에 따라 줄어들기 때문에, 팽창 가능한 재료를 사용하도록 한다.

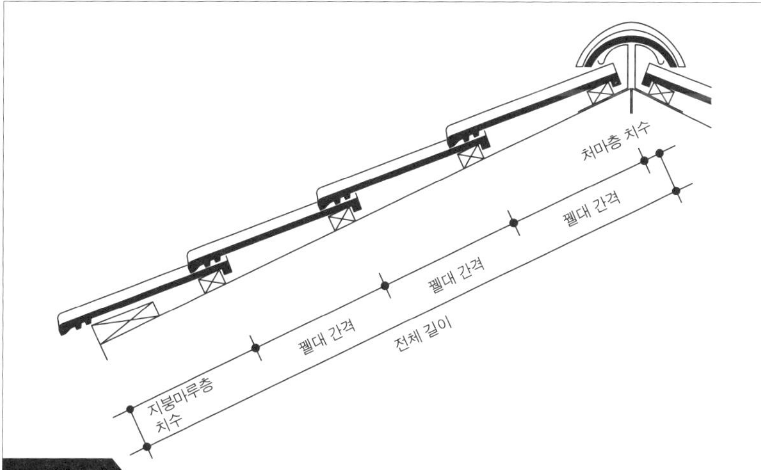

그림 28.
지붕펠대 간격

(3) 방수

일반적으로 지붕 마감은 방수성능을 확보한다. 그러나, 바람이 거세거나 눈이 내리는 특별한 비상 상황에서의 분무침투를 제거하기 위한 추가적인 계획을 수립하여야 한다. 비상 상황은 지나치게 낮은 지붕경사, 높게 구조화된 지붕 마감, 특별한 지붕 형태, 다락공간 구성 등으로 인해 발생하기도 한다. 예를 들어 강풍이나 잦은 강설의 특수 기후 조건에서 추가적인 조치가 요구된다.

언더레이
Underlay

가장 단순한 추가부재는 언더레이이다. 환기 쉬트 구조 – 즉 쉬트는 하부에서 지지되지 않고 서까래 사이에 편하게 매달려있는 – 로 시공한다. 언더레이는 롤의 형태로 제공되며 보통 강화 플라스틱 쉬트이다.

구조재 상부 레이어
Supported layer

목재 구조물과 같은 지지대에 놓여지는 쉬트로서 이음매의 성질에 따라 품질이 달라진다. 이런 구조재 상부 레이어는 우수방지성능으로 등급을 구분한다. 이러한 레이어는 펠대 아래 놓인다.

고정 레이어
Own welded
underlays

고정 레이어는 방수를 위해 용접이나 접착 방식으로 연결한 방수 쉬트로 시공한다. 여기서 우수방지와 방수 레이어를 구별하도록 한다. 우수방지 언더레이는 구조적으로 필요한 홀을 포함할 수 있다. 쉬트는 펠대와 교차펠대 하부에 위치

그림 29:
언더레이층

표 3:
지붕 마감을 위한 추가 요구사항

지붕경사 용도	구조, 기후에 따른 특별 요구사항			
	요구사항 없음	추가 요구사항+1	추가 요구사항+2	추가 요구사항+3
〉 표준 지붕경사	-	언더레이	언더레이	지지되는 중복층
표준 지붕경사 〉 지붕경사 〉 6도	언더레이	언더레이	지지되는 중복층	분리 용접/접착층
표준 지붕경사 〉 지붕경사 〉 10도	우수방지 언더레이	우수방지 언더레이	우수방지 언더레이	방수 언더레이
10도 〉 표준 지붕경사 〉 지붕경사	우수방지 언더레이	방수 언더레이	방수 언더레이	방수 언더레이

한다. 방수 언더레이에서는 홀이 용납되지 않는다. 쉬트가 펠대와 카운터 펠대 사이에 위치하기 때문에 카운터 펠대는 필수적인 요소이다. 쉬트에 축적된 수분이 처마에서 홈통 방향으로 배수되기 위해서는 특별한 주의가 요구된다. 언더레이 하부의 지붕공간에 적절한 환기를 제공해야 한다.

(4) 단열

지붕공간이 환기는 되지만 거주공간으로 사용되지 않는 경우, 건물의 단열은 일반적으로 마지막 천장면이나 천장면 하부에 시공한다. 이는 단열재를 절약할 수 있고 지붕 단열과 대조적으로 시공이 수월해 진다. 그러나 지붕공간의 개발은 추가적인 공간을 이용할 수 있다는 장점으로 인해 증가하고 있다. 이런 경우 지붕은 난방공간으로 포함되고 모든 구조재는 적절한 단열기준을 만족해야 한다. 〉

〉 부록 참고

단열층이 외벽 단열층과 열교현상이 생기지 않도록 연결시키는 것이 중요하다.

단열 Thermal insulation

미네랄울, 폴리스틸렌폼 보드 (PS), 폴리우레탄폼 쉬드 (PUR), 코르크, 경량목재울쉬트, 충진식 입자 단열재 등이 단열재로 쓰인다. 개별 단열재는 각각 다른 열전도율을 가진다. 특히 열전도율이 낮은 자재는 단열성능이 뛰어나고 열전도율이 높은 자재보다 같은 단열효과을 위한 단열재 두께가 얇아진다. 열관류율 (k)는 단위면적당 온도가 1K 변화하는데 필요한 열량 (W/m²K)으로 정의한다. 낮은 값이 좋은 단열성능을 의미한다.

단열재는 충분한 단열층의 두께를 제공하기에 부족함이 없을 만큼의 높이에, 서까래 사이에 시공한다. 필요공간을 제공하기 위한 높이보다 높은 서까래를 선택하거나, 추가적인 단열층을 실내측 서까래에 고정한다. 서까래용 목재는 열전도가 낮아 단열층의 연속이 파괴되더라도 열교현상이 일어나지 않을 수 있도록 한다.

\\ 참고:

열교는 건물 단열층이 연결되지 않는 지점에서 발생한다. 실내외의 온도차이가 발생할 때, 여름철에는 실외의 열이 건물내로 전달되고 겨울철에는 실내의 열을 건물밖으로 빼앗기게 된다. 공기가 냉각될 때 차가운 표면에 수분이 응결하여 구조내부에 축적되고 건물에 해를 주는 상황을 피하도록 한다.

\\ Tip:

대부분의 단열재 너비는 서까래 간격과 부합하여 제작될 수 있도록 초기 계획 단계에서 제품 정보를 파악하도록 한다. 서까래 사이의 거리는 일정한 간격으로 무조건 배치 하기 보다는 요구되는 틈에 따라 결정될 수 있도록 한다.

그림 30:
경사지붕의 단열

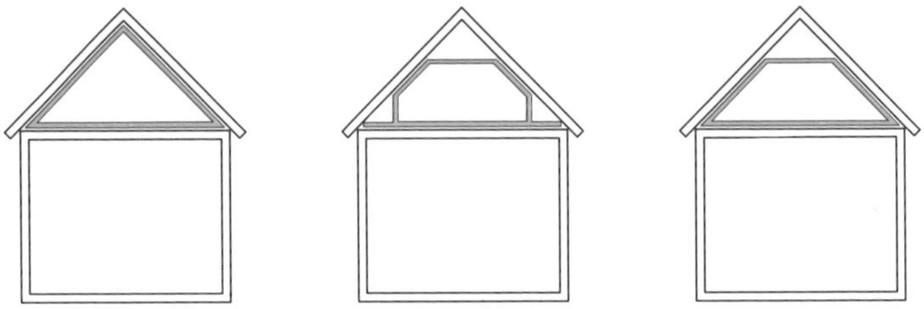

그림 31:
지붕공간의 단열

서까래간 단열
Insulation between rafters

서까래간 단열은 단열층과 언더레이 쉬트 사이에 구조를 환기하기 위한 공기층이 있음을 의미한다. 서까래의 높이가 단열재 두께와 동일하다면 전체 서까래 단열이라고 하고, 서까래가 내부에서 보이는 디자인이라면 지붕 외측에 보드로 서까래 상부 단열방법으로 단열층을 시공한 경우이다.

방습층
Vapour barrier

방습층은 지붕단열에 있어 핵심적이다. 이는 항상 실내 단열층 하부에 위치한다. 전체 면적을 모두 커버해야 하고 기밀한 방법으로 모서리에 부착되어야 한다. 방습층은 단열층이나 지붕구조를 투과하는 실내 공기의 수분의 확산을 방지한다.

방습쉬트의 적정 단열계수는 지붕 경사와 서까래 길이에 의해 결정된다. 방습층은 탄성중합체나 플라스틱 쉬트로 구성한다.

\\ 참고:

실내로부터 단열재를 통해 확산되는 공기는 겨울철일 경우 모두 외부로 향함에 따라 온도가 낮아지게 된다. 고온의 공기가 저온의 공기보다 많은 양의 수증기를 함유하고 있기 때문에, 결로 현상이 발생되고 단열재와 구조재가 습기를 머금게 되어 결국 건물에 영향을 미치게 된다.

만약 몇 개의 방습층이 시공되어 있다면, 가장 외부의 방습층은 내부보다 수증기를 더 잘 흡수할 수 있어야 한다. 이는 수분이 외부로 방출되는 것을 돕는다.

\\ Tip:

고체의 건축 자재는 실내 공간에 대해 기밀한 단열성능을 제공함으로서 실내방습층 대용으로 활용된다. 적절한 접착 테이프로 연결부위를 기밀하게 시공한 OSB(Oriented Strand Boards) 보드 등이 사용된다.

구조와 특히 단열층은 수분 침투로부터 반드시 보호되어야 한다. 이는 공기에 포함된 수분에 의한 침투를 방지하는 방습층을 시공하여 달성할 수 있다. 실외에서는 지붕마루 언더레이 상부나 지붕 마감을 통해 공기의 수분이 증발할 수 있다. 어떤 물이든 언더레이 쉬트를 통해 홈통으로 배수된다.

1.6 마감 종류

비환기 지붕구조
Unventilated roof structure

비환기 지붕구조는 전체 서까래 단열법으로 시공한다. 단열재는 실내 방습층과 실외 언더레이 사이에 위치한다. 카운터 꿸대는 틈사이로 침투하는 어떤 수분이라도 지붕 마감 하부에서 증발할 수 있도록 하기 위해 언더레이의 가장 높은 곳에 놓여진다. 이러한 시방은 구조재가 가능한한 얇게 유지되어야 하거나 지붕에 나중에 추가된 구조물이 있는 경우에 환기를 위한 서까래 높이가 불충분할 때 사용된다. 그러나 단열을 위한 환기가 중요하다면 외부에서 서까래에 추가적으로 외(lath)를 더하거나 내부에 이차 단열층을 시공하여 서까래를 이중화 할 수 있다.

환기 지붕구조
Ventilated roof structure

이 방식이 사용되면, 공기는 언더레이 (지붕막) 하부에서 순환될 수 있다. 발생하는 어떤 수분도 단열재로부터 증발할 수 있고 지붕마루 조인트를 통해 배출 가능하다는 것이 장점이다. 공기층은 여름철 지붕으로 흡수되는 열이 적음을 의미한다. 더운 공기는 상승하여 지붕마루에 있는 환기구를 통해 배출된다. 굴뚝에서와 같은 흡입효과가 발생한다. 여기서 충분한 공기가 처마의 환기구를 통해서 흘러야 한다는 점이 중요하다.

공기층 두께를 계획할때, 단열재가 평평한 상태로 완벽히 시공되기 힘들기 때문에 추후 팽창할 수 있는 여유 공간을 갖도록 고려해야 한다. 공기가 자유롭게 순환할 수 있다면, 트리머, 천창, 굴뚝, 지붕창 주변에서 공기가 우회되도록 해야 한다. 그리하여, 카운터 펠대는 처마와 지붕마루 사이의 공기 순환이 가능하도록 맞추어야 한다. 〉그림 20 참고

구조재 상부 단열
Supported thermal insulation

단열층을 지지하는 구조는 일반적으로 환기되지 않는다. 대신 지붕은 서까래 상부의 비계에 의해 지지되는 프리패브 부재로 마감된다. 이런 종류의 프리패브 부재는 대게 하부 방습층도 함께 제공된다. 전체 서까래 단열로서 언더레이나 배수를 위해 적합한 자재는 직접적으로 단열재 위에 시공한다. 이런 마감은 공기를 줄인다. 서까래 하부가 보여져 디자인 요소로 활용될 수 있다. 이런 경우 서까래는 다듬어진 목재나 집성재로 마감한다.

내부표면
Internal surfaces

지붕공간의 내부마감은 쾌적한 실내 공간을 위해 수분 흡수와 재방출이 가능한 자재로 클래딩한다. 일반적으로 조적벽은 이런 기능을 한다. 석고보드 쉬트는 습관적으로 지붕공간 내부에 사용된다. 석고보드 쉬트는 현장적용과 작업이 용이하다. 그러나, 구조체의 작은 변이에도 쉽게 균열이 생길 수 있음을 명심하도록 한다. 또 다른 흔히 쓰이는 벽체 클래딩은 홈이음 매치보드를 사용하는 방법이

\\ 참고:
환기 가능한 지붕구조의 환기단면은 다음 최소 조건을 만족하여야 한다: 지붕경사 10° 이상, 처마에서 지붕면적의 2 ‰ (최소 200 cm²), 지붕마루에서 지붕면적의 5 ‰. 자연 환기단면은 공기층 두께 최소 2 cm 이상으로 한다. 10° 이상의 지붕경사에서는 환기단면은 양쪽 처마에서 전체 지붕 면적의 2 ‰로 한다. 자연 환기단면은 최소 cm 이상으로 해야 한다. 정확한 시방은 국내 표준을 따르도록 한다.

서까래간 단열

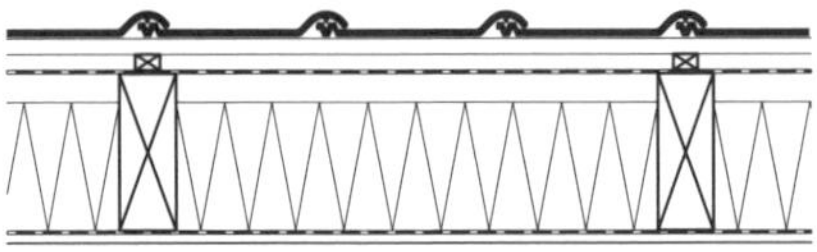

내단열 추가한
서까래간 단열

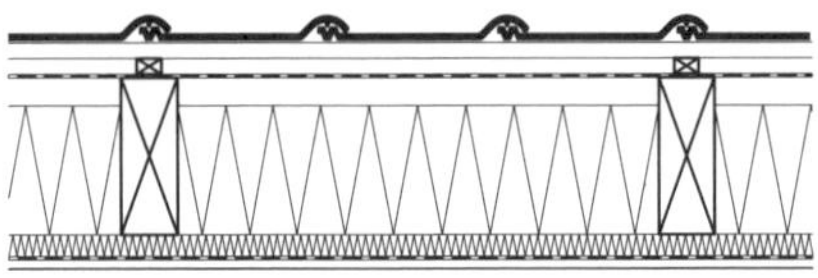

전체 서까래 단열

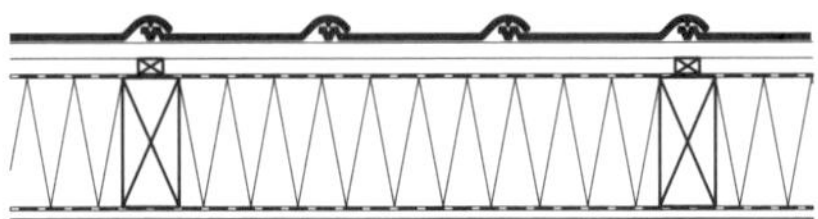

서까래 상부 단열

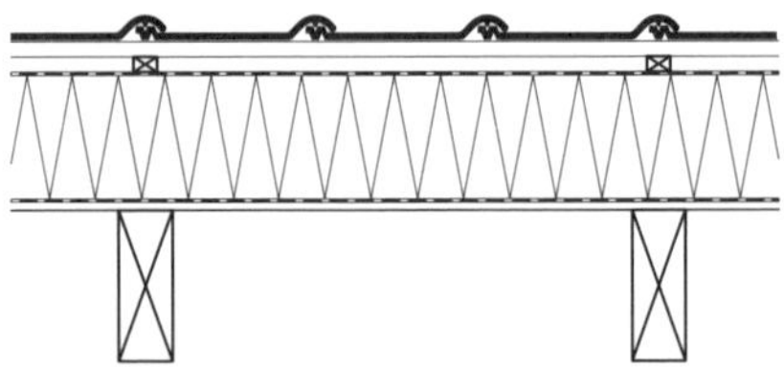

그림 32:
경사지붕 구조

그림 33:
배수

다. 이 방법은 보드가 서로 관련하여 이동할 수 있기 때문에 균열이 쉽게 발생하지 않는다. 대부분의 실내 벽체 클래딩 선택의 주요 결정요인은 외관이다.

1.7 배수

경사지붕에서 우수는 지붕표면과 지붕골을 통해 처마쪽으로 배수된다. 우수는 홈통으로 모이고 수직홈통을 통해 하수관으로 배출된다. 결합시스템이라는 용어는 우수가 공공하수 시설로 집하될 때 사용하고, 개별시스템은 우수가 지역의 지하수로 흘러가는 경우를 말한다.

치수산정
Dimensioning

지역 예상 강우량은 홈통과 파이프의 치수산정을 위해 반드시 확인해야 한다.

강우량은 지역 강우량 – 일반적으로 헥타아르 당 1초에 300 리터 (r=300l/(s*ha)), 지붕경사와 표면성질이 고려된 지표유출수계수, 그리고 기본 지붕 면적으로 계산된다.

계산식은 다음과 같다.

강수 지표유출수 유속 (l/s) = 지표유출수계수 × 강우면적 (m^2) × 설계강우량

계산값은 기준표에서 적절한 수직홈통을 선택하는데 쓰인다.

홈통
Gutters

홈통은 처마에 높이조절용 홈통 받침대로 맞춘다. 목재 지붕 구조에는 서까래 하나당 하나의 받침대를 사용하나, 브래킷 간격은 구조에 따라 90 cm 이상 떨

표 4:
Runoff 계수 (DIN 1986-2 Table 16 / ISO 1438)

표면 종류	런오프 계수
불투수성 표면	1.0
3도 〉 지붕경사	0.8
자갈층	0.5
녹화지붕	0.3
심층 녹화지붕 (d〉10cm)	0.5

표 5:
최소 경사의 우수관의 강우 면적, 강우량 300 l/(s*ha)
기준 (DIN 1986-2 Table 17 / ISO 1438)

지붕 경사	최대 허용치	런오프 계수 1.0	런오프 계수 0.8	런오프 계수 0.5
	ar (l/s)	r (m^2)	r (m^2)	r (m^2)
50	0.7	24	30	48
60	1.2	40	49	79
70	1.8	60	75	120
80	2.6	86	107	171
100	4.7	156	195	312
120	7.6	253	317	507
125	8.5	283	353	565
150	13.8	459	574	918
200	29.6	986	1233	1972

표 6:
우수관과 홈통 설계 (DIN 18461 Table 2 / ISO 1438)

최대강우량 300xl(sxha)에 접하는 지붕면적	강우 런오프	강우 홈통배수 (명목치수)	설계홈통 (명목값)
in m^2	in l/s	in mm	
20	0.6	50	80
37	1.1	63	80
57	1.7	70	100
97	2.9	90	125
170	5.1	100	150
243	7.3	125	180
483	14.5	150	250

어지지 않도록 한다. 홈통은 홈통 브래킷에 놓여진다. 홈통 구배에 주의하도록 한다. 건물쪽이 바깥쪽보다 높아서 바깥을 향하도록 해야한다. 그리하여 흘러 넘치는 어떤 물도 건물을 향하지 않도록 한다. 홈통은 배수관까지 최소 2%의 구배를 준다. 금속 홈통은 특히나 온도 변화에 따라 팽창하거나 수축하므로, 길이는 15 m를 넘지 않도록 한다. 개별 홈통 단면은 커넥터를 사용하여 연결한다. 홈통의 끝 지점은 물이 새지 않도록 잘 처리한다.

수직파이프
Downpipes

프리패브 조인트가 있는 홈통은 수직관과 엘보로 연결한다. 파이프의 단면은 방수성능을 지닌 소켓으로 연결된다. 파이프는 핀과 나사못을 사용해 브래킷으로 건물에 부착된다. 파이프 손상시에도 벽에 물기가 스며들지 않도록 파이프와 벽체 사이는 최소 20 mm 간격을 둔다.

홈통과 파이프의 단면은 각형과 원형 모두 가능하며, 다양한 자재를 사용할 수 있다. 자재가 서로 결합하여 부식이 생기거나 서로 다른 팽창계수로 인해 인장력이 생기지 않도록 특별히 주의하도록 한다. 예를 들어 구리 홈통과 파이프는 구리 피복 스틸 브래킷 및 클립과 함께 사용할 수 있다. 알루미늄 홈통에는 아연도금 스틸이나 알루미늄 브래킷을 권장한다. 아연도금 스틸 브래킷과 클립은 이언이니 아연도금 스틸 홈통에 적합하다. PVC 홈통은 아연도금 스틸이나 플라스틱 피복 브래킷과 함께 사용할 수 있다.

나뭇잎이 홈통으로 유입되는 것을 방지하기 위한 거름망도 권장한다. 이 거름망은 교체 주기 연장을 위해 길이가 긴 현태의 바구니 모양으로 되어 있다. 난방 홈통은 내부 홈통 주변의 수직 구조재와 같이 특별한 곳에 설치하는데, 이는 눈이 내리는 경우에도 배수를 보장해준다. 〉p. 63 참고 참조

내부 홈통
Internal guttering

내부 홈통은 처마에 매달리는 형태의 홈통이 아닌 바닥 슬래브 위해 놓이는 홈통을 말한다. 〉그림 33 왼편 참고 이 디자인은 지붕 오버행이 바람직하지 않거나 허

\\ 참고:
지역 강우량 정보는 기상청으로부터 입수할 수 있다.
내부 홈통은 추가적인 100% 안전장치가 필요하다.

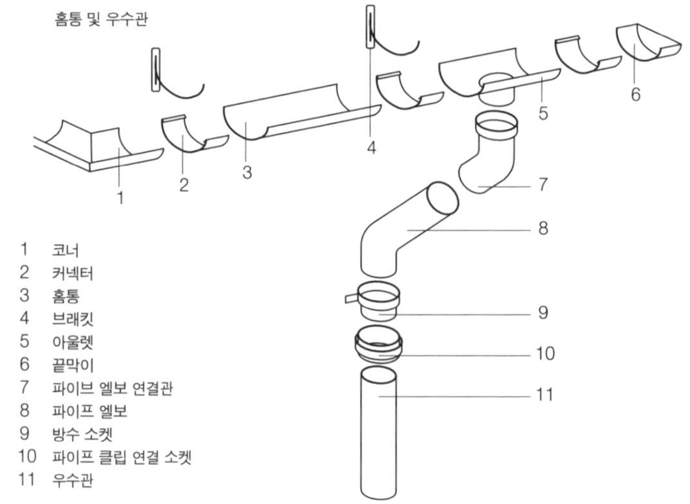

그림 34:
홈통 구조

가되지 않는 경우에 선택된다. 홈통이 새더라도 물이 건물로 스며들지 않도록 안전 홈통을 설치하기도 한다. 이는 금속이나 플라스틱 홈통 하부의 방수 스트립의 형태로 시공된다. 비상 범람구 또한 설치할 수 있다.

1.8 도면화

건물은 평면도, 단면도, 입면도, 상세도로 나타낼 수 있다. 평면도는 보통 특정 층의 바닥면에서 1 ~ 1.5 m 높이를 기준으로 그리기 때문에 이 높이 아래에

> \\ 참고:
> 개별 치수의 단위들은 현장 시공 도면에서 특히 중요하다. 건물 치수와 구조재의 길이는 일반적으로 미터(meters)로 기입한다(작은 치수는 센티미터). 철골재의 단면은 센티미터(cm)로 표기하고, 철골 구조재는 밀리미터(mm) 단위로 표기한다.

보여지는 구조재만 도면에 보이게 된다. 따라서, 평면도는 지붕 구조의 상세를 적절히 표현하기 힘든 경우가 많다.

서까래 평면도
Rafter plans

위와 같은 이유로, 경사지붕의 경우 일반적으로 서까래 평면도를 제작한다. 서까래 평면도는 모든 목구조재(또는 다른 구조에 부합하는 부분)를 탑 뷰(top view)로 표현한다. 지붕마감, 방수, 내부 클래딩 등은 보이지 않는다. 평면도는 목수의 현장 작업도면으로 사용된다. 건물에서 지붕 구조 (트러스) 의 위치를 정의하기 위해서 최상층의 바닥 슬래브(보이는 구조재는 실선)를 하부 벽체(숨겨진 구조재는 대쉬라인)와 함께 표현해야 한다. 만약 지지대, 지주, 버팀대 귀잡이와 같은 구조재가 위에 있는 서까래에 의해 가려져 있다면, 이들은 대쉬라인으로 표현한다. 지붕 꿸대와 카운터 꿸대는 이들이 목구조임에도 불구하고 보이지 않는다. 왜냐하면 꿸대는 목수에 의해 시공되지 않고 추후에 지붕공사시 설치되는 부재이기 때문이다. 서로 다른 목부재들에 모두 위치 번호를 부여하고 도면상의 각 구조재에 선이나 화살표로 연결하여 원호내에 이 번호를 표시하도록 한다. 구조재는 범례로 표시한다. 단면의 가로 × 세로 치수를 표현하고 자재의 등급 또한 나타내야 한다.

설치나 연결에 관한 정보 또한 기록되어야 한다. 구조재의 치수는 건축가나 구조 설계자, 구조 엔지니어에 의해 결정된다.

서까래 평면도에 덧붙여서 지붕마루 조인트, 처마, 박공널, 통섭, 홀 등 구조재의 모든 레이어에 관한 상세도 또한 현장 작업을 위해 제공되어야 한다.

\\ 참고:
목구조재의 치수는 일반적으로 단면 치수로 나타낸다. 10 cm × 12 cm 의 직사각형 단면을 가진 빔의 치수는 10/12로 표기한다. 원형부재는 직경의 치수, 철골 부재는 단면형태와 치수 및 두께 (예 H형강 150 × 150, C형강 100 × 50 × 2.0T 등) 로 표기한다. 길이와 위치는 설계도서의 치수대로 따르도록 한다.

\\ 참고:
설계도면에 관한 정보는 Birkhauser Publishers에서 2007년 출판된 Bert Bielefeld and Isabella Skiba의 "Basic Technical Drawing"을 참조하기 바란다.

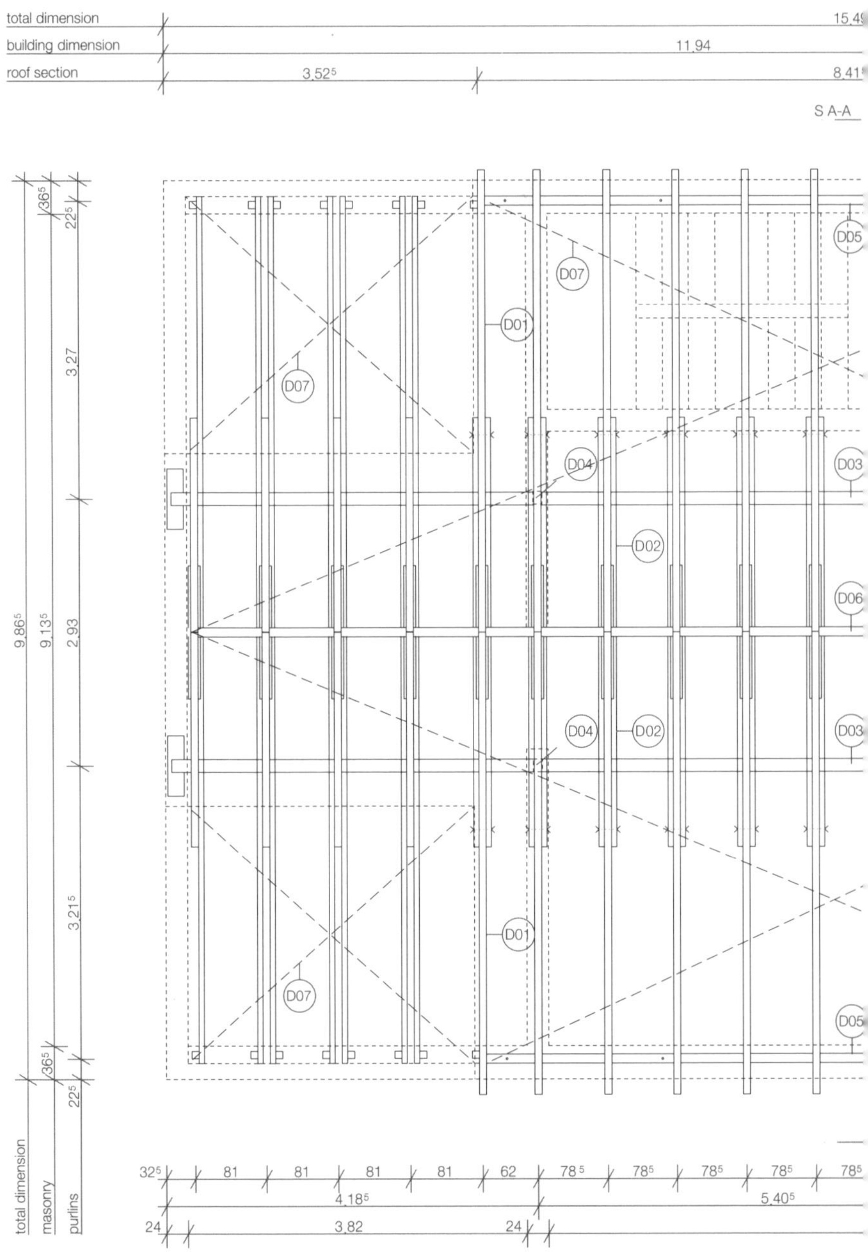

total dimension
building dimension
roof section
15,49
11,94
3,525
8,41
S A-A
D01
D02
D03
D04
D05
D06
D07
9,865
9,135
365
225
3,27
2,93
3,215
masonry
purlins
325
81
62
785
4,185
5,405
24
3,82

그림 35:
서까래 평면도

Rafter plan

Material: coniferous timber S10

Position:

- (D01) rafter b/d = 8/20cm, e ⟨83cm
- (D02) collar tie 2 x b/d = 6/14cm
- (D03) middle purlin b/d = 16/28cm
- (D04) roof strut b/d = 16/18cm
- (D05) eaves purlin b/d = 12/10cm
- (D06) ridge plank b/d = 10/10cm
- (D07) wind sprocket band nailed with rafter 2 comb nails

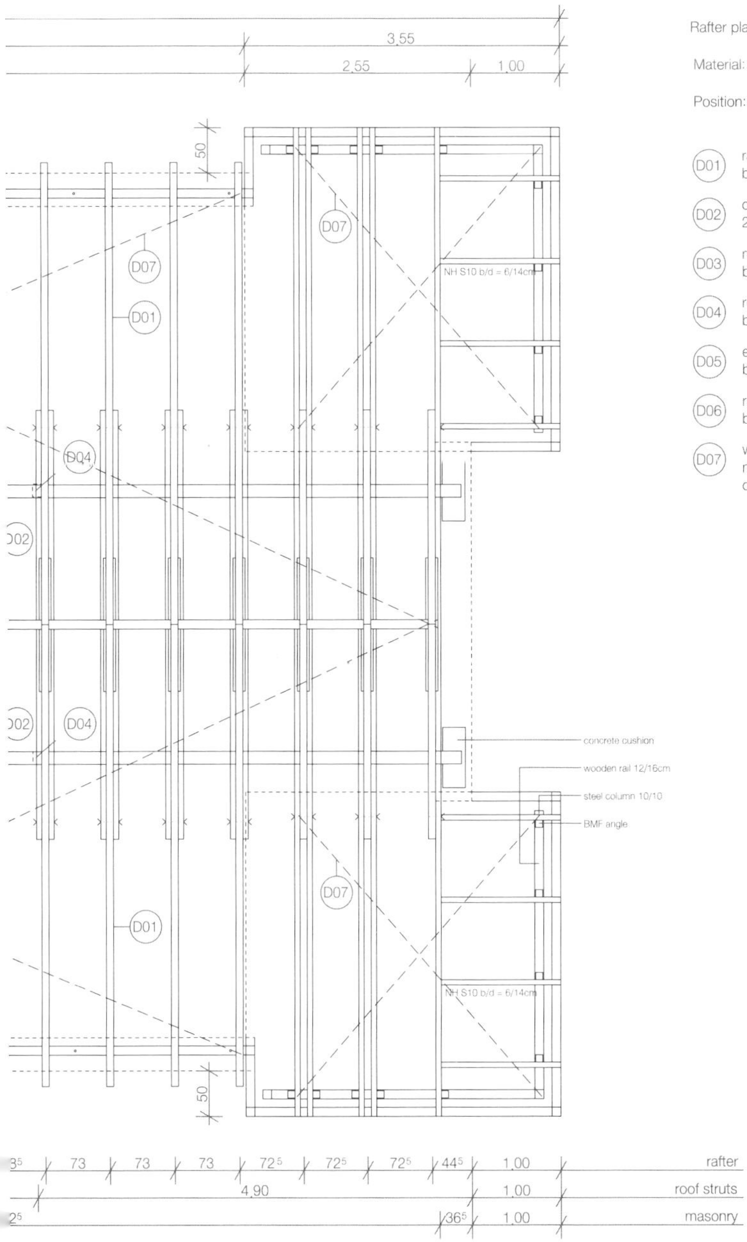

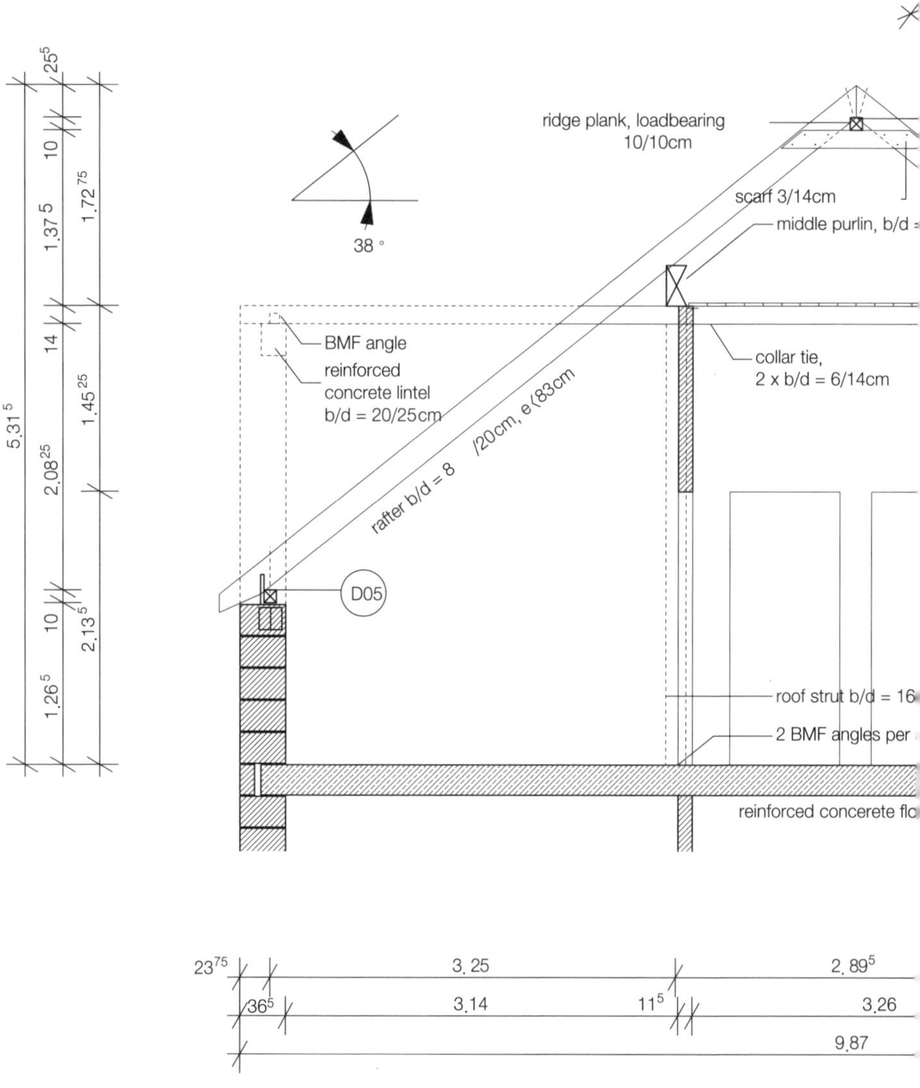
ridge plank, loadbearing
10/10cm
scarf 3/14cm
middle purlin, b/d =
38 °
BMF angle
reinforced
concrete lintel
b/d = 20/25cm
collar tie,
2 x b/d = 6/14cm
rafter b/d = 8 /20cm, e⟨83cm
D05
roof strut b/d = 16
2 BMF angles per
reinforced concerete flo
5.31⁵
1.72⁷⁵
1.45²⁵
2.13⁵
1.37 5
2.08²⁵
1.26⁵
25⁵
10
14
10
23⁷⁵
3. 25
2. 89⁵
36⁵
3.14
11⁵
3.26
9.87

그림 36:
서까래 단면도

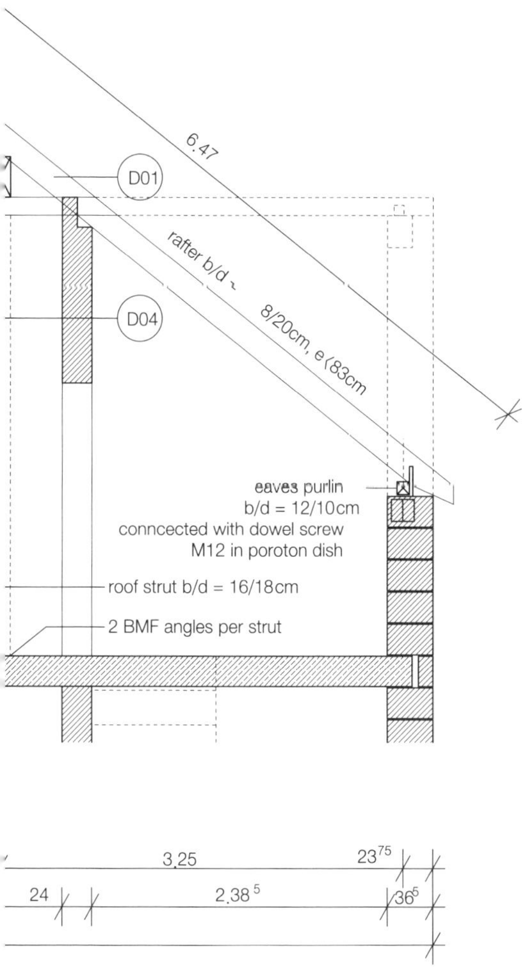

SECTION A-A

Material: coniferous timber S10

Positions:

D01	rafter b/d = 8/20cm, e⟨83cm
D02	collar tie 2 x b/d = 6/14cm
D03	middle purlin b/d = 16/28cm
D04	roof strut b/d = 16/18cm
D05	eaves purlin b/d = 12/10cm
D06	ridge plank b/d = 10/10cm
D07	wind sprocket band nailed with rafter 2 comb nails

표 7:
경사지붕의 구조재 요약

구조재	그림	힌트	일반적 치수
처마널	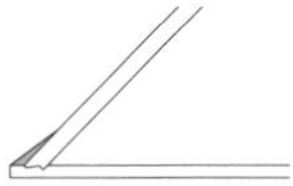	맛댄지붕	8/12 - 10/22
이음보	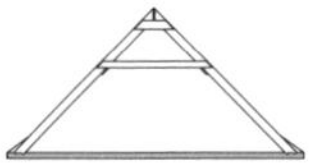	맛댄지붕	12/12 - 14/14
종도리	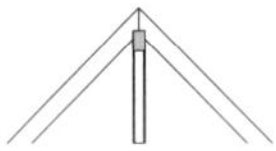	벽이나 지지대	14/16 - 16/22
처마도리	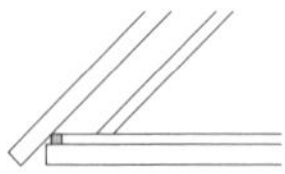	천장이나 외벽	10/10 - 14/16
조름대	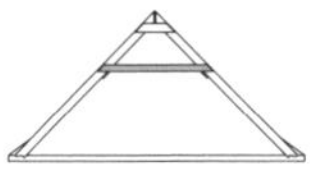	일반적으로 이음대의 형태	8/14 - 10/20
조름대 서까래		내부 커브	8/14 - 8/22
앵글 클립	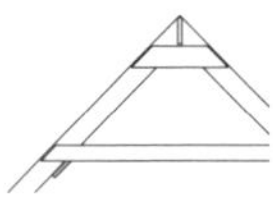	이음 막대	
앵글 브레이스	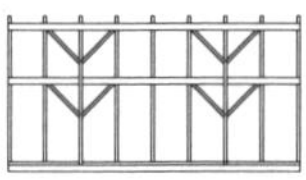	가로방향 지지대 스트러트	10/10 - 10/12
중도리	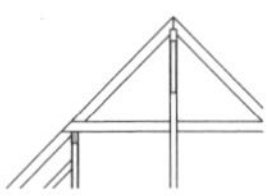	서까래 하부	12/20 - 14/20

표 7:
경사지붕의 구조재 요약(계속)

구조재	그림	힌트	일반적 치수
지지대	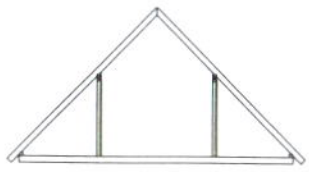	도리 지지	12/12 - 14/14
가이드 부재	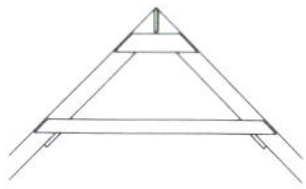	단순 조립	두께는 22mm부터
서까래	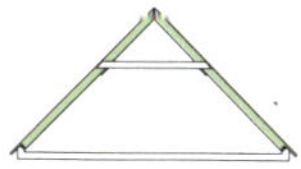	지붕마감 지지	8/14 - 8/22
브레이스	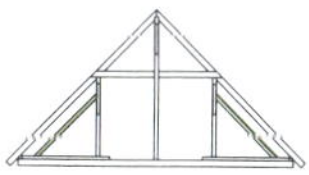	횡력 보강	14/16
박공재	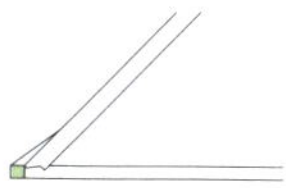	맞댄지붕	길이 20 cm
트리머		천공	8/14 - 8/22
스프로켓		서까래	구조 보강
이음대	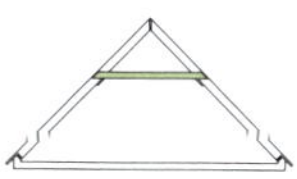	부재쌍 수평 보강	6/14 - 8/16

2. 평지붕 (Plat Roofs)

2.1 기초

평지붕은 5도 이하의 경사를 가진 지붕을 말한다. 그러나, 미끄럼 방지를 위한 자재를 적절히 사용한다면, 평지붕 구조는 낮은 각도(25° 이하)의 경사에 적용할 수 있다. 평지붕 단면의 최상층은 방수 혹은 내후(weatherproof) 를 위한 보호층으로 이루어진다. 평지붕면은 테라스, 주차장, 공조설비 등을 위한 공간으로 활용되고 있다. 인접건물로부터 보여지는 지붕표면은 제5의 파사드로서 지붕면은 건물의 외관이란 측면에서 신중히 계획해야 한다. 경사지붕과 같이, 평지붕 또한 여러가지 요구사항을 만족하여야 한다. 열, 추위와 바람 뿐만 아니라 습기와 강수로부터 건물을 보호해야 한다. 자중, 강설, 교통으로 가해지는 중량을 안전하게 하부 구조에 전달하여야 한다. 일반적으로 방수재로 쓰이는 재료는 가볍기 때문에 바람에 들리거나 기계적 움직임으로부터 보호할 수 있도록 내풍성을 지녀야 한다.

평지붕은 벽체와 같은 면으로 마감되거나 돌출형태로 마감된다. 지붕모서리에서 올라온 부분은 지붕 난간이라고 부르는데, 지붕의 단열재와 방수재가 한번에 만나는 곳이다. 강우는 일반적으로 건물 내부로 배수되는데, 지붕 모서리에서 지붕 배수구 방향으로 흐르며 구배는 최소 2% 이상 확보하도록 한다.

2.2 구조재의 구성

평지붕은 서로 조화를 이루는 다양한 기능층으로 구성된다. 이러한 기능층은 열과 소음을 적절히 차단하는 설계가 필수적이다.

\\ 참고:
건물 유형에 따른 전체 건물의 단열 및 차음 설계는 건축 법규에 기준 한다.

구조층에 노출되는 수분 (예를 들어 습기, 결로) 은 반드시 방지하여야 한다. 건축 자재는 반드시 서로 호환성 있는 자재를 사용해야 한다.

방수하부층
Undercourse

방수층 아래 물을 다루는 층을 방수하부층이라 부르며, 콘크리트면 혹은 판재나 단열재와 같이 하중을 견디는 구조일 수 있다. 팽창 및 균열 등을 방지하기 위해 방수층 자재는 방수하부층을 고려하여 선택하는 것이 중요하다. 프리패브 부재사이의 연결부는 최소 20cm 너비의 분리대로 마감한다.

접착층
Bonding course

접착층은 건축자재의 접착성능을 향상시키기 위해 설치된다. 이는 프라이머 혹은 비튜멘 솔루션과 비튜멘 에멀전의 사전 적용일 수 있다. 접착층은 청결한 방수하부층에 도포한다.

레벨링층
Levelling course

부자재의 레이어가 고르지 않거나 거칠다면 레벨링층이 필요하다. 레벨링을 통해 매끈한 표면을 만들 수 있다. 비튜멘 루핑 쉬트, 유리나 플라스틱 플리스, 폼매트 등이 사용되며 헐겁게 고정하도록 한다.

분리층
Separating course

상이한 팽창성능을 가진 구조재의 인접층들이 서로 유동성을 갖기 위해, 혹은 기계적 움직임을 확보하기 위해 설치된다. 화학적으로 독립적인 두 자재들이 일반적으로 활용된다. 레벨링층에 사용한 동일한 자재 사용이 가능하다.

방습층
Vapour barrier

건물내부의 습기 전달을 제어하는데 사용된다. 〉 경사지붕, 마감 종류 참고 방습층은 방수재는 아니며 단순히 증기 확산을 막아주는 역할만을 한다. 저해계수 (inhibitation factor)는 방습층을 통해 얼마나 많은 습도가 확산하는가를 보여준다. 방습층은 비튜멘 루핑 쉬트, 비닐 증기 억제 쉬트, 탄성 루핑 쉬트, 합성 포일이 사용되며 헐겁게 고정하도록 한다. 개별 쉬트들이 인접하는 부위는 전면 접착이 필요하다. 방습층은 단열층의 최상부 모서리까지 연장하여 시공하여야 하며 지붕 모서리와 관통부위에 고정하도록 한다. 방습층은 지붕의 기밀성을 확보하는데 활용된다.

단열층
Thermal insulation

단열층은 여름철 열손실 및 대량의 열축적을 방지한다. EPS(Expanded polystyrene), XPS(Extruded polystyrene foam), PUR(Extruded polyurethane), 광섬유 단열재(MF), 폼글라스(FG), 코르크, 목재섬유단열재, 팽창 충진재 등이 사용된다. 단열층이 방수층 상부에 위치하면 하부층의 습기가 배출될 수 있도록 설계하여야 한다. 단열층

\\ 참고:

지붕 면적 전체는 지붕 배수구까지 최소 2% 구배가 확보되어야 한다. 지붕구조에 경사가 없다면, 지붕 슬래브상에 구배 막대 (분리층)를 만들거나 구배 충진재를 활용하도록 한다. 비용 범위가 결정되었다면, 지붕경사를 결정하는 핵심 요소는 구배 막대의 추가 하중이 구조적으로 해결 가능한지, 적절한 두께의 단열재가 사용 가능한지이다.

\\ Tip :

구배가 단열 웨지로 시공되었다면, 각각의 단열면적은 직사각형 형태의 평면의 경우 45도 경사로 구성한다. 연결부위에는 지붕골이 형성된다. 2% 경사의 지붕골의 경우, 단열 웨지는 3% 경사를 필요로 한다.

또한 지붕 배수 구배를 만드는데도 사용된다. 이러한 단열재는 제조사로부터 적절한 형태로 제공되고 있으며, 구배 단열재로서 알려져 있기도 하다. 단일 부재는 단열 웨지로 불리기도 한다.

단열쉬트는 최대한 기밀하게 시공하도록 한다. 단열재는 하부면에 접착하여 시공하며 쉬트는 서로 맞붙여서 제조사의 지침에 따라 시공한다.

증기압보상층
Vapour pressure compensation course

이는 지붕 방수재 내의 수증기압을 고르게 만드는데 쓰인다. 이는 비튜멘 루핑 쉬트, 비닐 방습 쉬트, 탄성 루핑 쉬트 또는 합성포일 등 방습층과 같은 자재가 사용된다.

지붕방수층
Roof waterproofing

방수층은 지붕 방수에 의해 형성된다. 비튜멘 루핑 쉬트, 비닐이나 elastomer 루핑 쉬트, 액상 방수재 등이 사용된다. 비튜멘 쉬트 방수는 적어도 두겹 이상 최소 80 mm 이상 겹쳐서 시공하도록 한다. 비튜멘 쉬트는 연결부위 전체를 접착하도록 한다. 비닐이나 elastomer 쉬트는 한겹으로 최소 40 mm 이상 겹쳐서 시공한다. 이러한 쉬트는 연결부위 뿐만 아니라 전면적을 접착하여야 한다. 액상 방수재는 한겹으로 도포하며 전체 바닥면에 밀착하여 시공한다. 분리층은 바로 아래층이 단열 쉬트나 목재 프레임과 같이 오픈된 경우에 사용된다. 방수는 1.5 mm 이상의 두께로, 기존 지붕 재시공의 경우 2 mm 이상의 두께로 시공한다.

그림 37:
평지붕 커버링

여과층
Filter course

보호층 또는 여과층은 기계적 영향으로부터 방수층을 보호하기 위해 구성된다. PVC, 고무, 배수 매트, 폴리스틸렌 폼 쉬트 등이 이용된다.

표면보호
Surface protection

박막 지붕은 단일 방수층으로 시공되며 방수하부층과는 띠장(strips)으로 연결하거나 접착제를 부분적으로 사용하여 느슨하게 접착한다. 일사로 인한 열팽창을 최소화할 수 있도록 주로 밝은 색의 자재가 사용된다. 자재물성으로 인해 자외선 차단 효과도 있다. 박막 지붕에는 추가적인 표면 보호는 요구되지 않는다. 이는 자재 하중을 줄일 뿐만 아니라 지붕 구조의 자중 자체를 가볍게 설계할 수 있게 한다. 지붕 방수층이 적절한 자외선 차단, 풍동, 역학적 부하에 대한 대처하지 못한다면, 표면 보호층이 필요하다. 부하에 따라 비튜멘 쉬트에 경량 표면 보호재를 도포하는데 모래살포로 마무리 한다. 분쇄된 슬레이트는 냉각된 비튜멘 컴파운드에 살포하고 비튜멘 쉬트에 접착한다.

자갈 표면 보호층은 중량 표면 보호 방법으로 알려져있다. 자갈층은 최소 두께 50 mm 이상이어야 한다. 돌의 무게는 바람에 의해 날리는 비고정 지붕 커버링을 보호한다. 표면이 분쇄석이나 자갈로 되어있는 경우, 알갱이 크기는 바람에 날리지 않을만큼의 사이즈를 확보해야 한다. 강한 바람에 노출되는 경우에는 쉬트 커버링이 바람직하다.

접근성 있는 지붕 마감
Accessible coverings

거주자의 접근성을 높이고 표면보호를 위한 마감이 활용될 수 있다. 이런 경우에는 압축력에 견디는 단열재를 사용하도록 한다. 지붕 방수는 하중의 영향을 고려하여 적절히 시공하여야 한다.

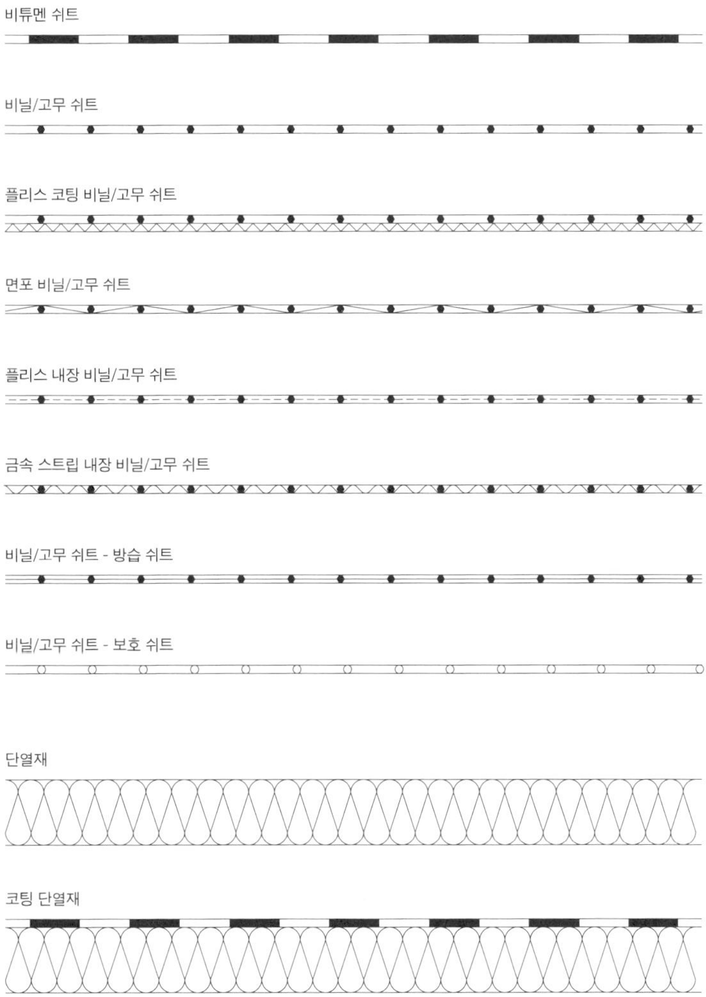

그림 38:
평지붕의 구조재층 (독일 지붕무역중앙협회 가이드라인 Zentralverband des Deutschen Dachdeckerhandwerks)

슬래브의 연결부위가 기밀하게 시공되었거나, 전체 마감층이 밀실한 경우에는 최소 1%의 구배가 필요하며, 방수 시 배수를 고려하고 내수성 있는 자재를 사용하도록 한다. 슬래브는 방동성(frostproof)이 있어야만 한다. 열팽창 성능에 부합하는 팽창 조인트를 설계하여야 한다. 모서리에는 손상시 방수층 재시공으로 인한 높이 상승분을 위해 충분한 여유공간을 확보하여야 한다. 접근성 있는 지붕은 촘촘한 매트나 배수층 위에 몰탈 바름하여 소형 슬래브의 형태로 만들어질 수 있다. 몰탈바름의 두께는 4 cm 정도를 유지하도록 하며, 대형 슬래브 마감의 경우는 부분 베딩(bedding)을 추천한다. 높이 조절이 가능한 프리패브 부재는 이런 경우 오차를 줄일 수 있다. 발포유리와 같이 압축강도가 높은 단열재는 움직이는 자재가 방수층에 천공을 만드는 것을 방지하기 위해 사용된다. 조금 더 간단한 방법으로는 소형 몰탈 주머니 위에 커버링을 하는 방법이 있다. 이 경우 플라스틱 자루에 몰탈을 넣어 포장하고 이를 슬래브 코너 하부에 위치시킨다. 일단 슬래브가 몰탈 자루 위에 걸쳐지게 되면, 슬래브는 몰탈을 압축하면서 레벨링이 된다. 슬래브 하부의 빈 공간이 관리되고 슬래브는 직접적으로 방수층에 닿지 않게 된다. 대형 슬래브는 하중 분할을 위해 하부에 자갈층을 마련하여야 하며 이 때 자갈층은 보통 5 cm 두께로 시공한다. 자갈의 크기는 어떤 강우도 배수될 수 있도록 고려해야 한다.

지붕 녹화
Green roof

식재 또한 표면 보호를 위해 사용될 수 있다. 식재층의 두께와 종류에 따라 대규모 식재와 집중 식재로 구별한다. 지붕 녹화로 인한 추가적인 하중은 구조 계산 단계에서 고려되어야 한다. 방수재 선택 시 식재의 뿌리에 의한 영향을 방지할 수 있도록 계획하며 특별층을 추가 할 수도 있다. 대규모 식재의 경우 충분한 수분이 식재에 공급될 수 있도록 경사에 신경을 쓰지 않아도 되지만 물이 새지 않도록 고려해야 한다. 개별 방수층은 접착하도록 하며 칸막이벽 스타일의 배리어에 의해 몇 개의 부분으로 나누어진다. 이는 수직으로 위치하며 지붕을 몇 개의 영역으로 나누어 개별적으로 배수시킨다. 개별 배수로 인해 누수 발견이 쉬어진다.

2.3 마감재의 종류

평지붕 구조와 층별 레이어를 무환기 지붕, 역전 지붕, 환기 지붕의 세가지로 구별해 볼 수 있다.

무환기 지붕
Unventilated roof

무환기 지붕 (warm roof)은 바깥쪽에 방수층을 두며 따라서 단열은 내부에 밀폐된다. 전형적인 무환기 지붕의 구조는 철근콘크리트, 철골, 또는 목재 지붕구조의 표면에 사전 코팅을 적용한다. 레벨링층과 방습층은 이 표면 위에 놓여진다. 절연은 단단한 경사 슬래브로 이루어진다.

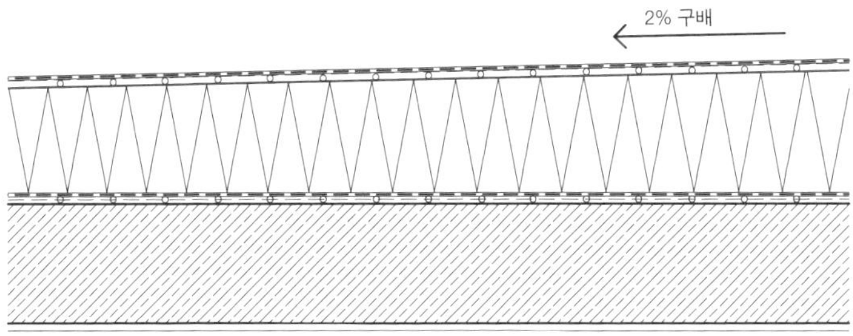

지붕 방수, 단일층

증기압보상층

구배가 있는 단열재

방습층

레벨링층

예비코팅

철근콘크리스 슬래브

그림 39:
무환기 지붕

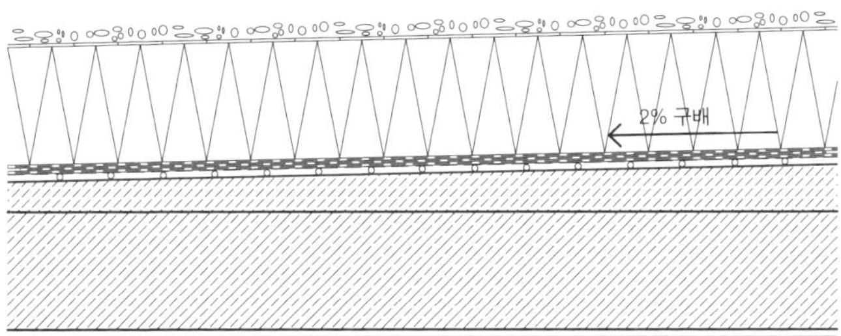

표면 보호층 (자갈 최소 5cm, 모래 입자 16-32)

여과층

내구성/내수성 단열재

방수층 3겹

레벨링층

구배막대

철근콘크리트 슬래브

그림 40:
역전 지붕

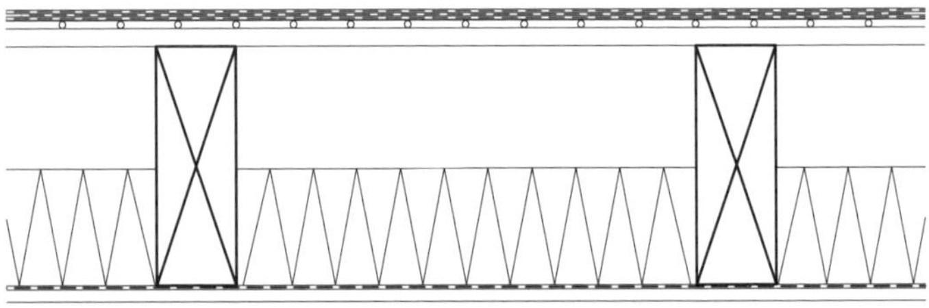

지붕방수 3겹
레벨링층
22mm 합판
공기층 최소 15cm
단열재
서까래
방습층
석고보드 쉬트

그림 41:
환기 지붕

지붕 홈통으로 향하는 지붕 배수 전면적에 걸쳐 최소 2% (3%가 바람직)의 구배가 필요하다. 증기압보상층은 단열층 위에 시공되며 방수는 여기에 적용된다. 표면 보호는 선택된 제품에 따라 적절히 시공하도록 한다.

역전 지붕
Upside-down roof

역전 지붕은 IRMA (Insulated Roof Membrane Assembly) 지붕이라고도 불린다. 여기서 단열층은 방수층 위에 위치하며, 따라서 내수재료를 사용하여야 한다. 이 구조의 경우, 층별 시퀀스 내에서 최소 2% 경사의 구배 막대를 지붕 지지 구조에 위치시킨다. 지붕 방수층은 막대의 경사에 의해 배수되는 레벨링층에 의해 지지된다. 단열재는 평슬래브의 형태로 시공한다. 여과층은 표면 보호부재가 단열층으로 씻겨 내리는 것을 방지하기 위해 최상부에 놓여진다.

환기지붕
Ventilated roof

환기지붕 (cold roof)은 목조 지붕 구조에 자주 쓰인다. 석고보드나 합판과 서까래 사이에 방습층을 시공하고, 단열재는 서까래 사이에 위치하며 이는 단일 레이어로 구성될 수 있다. 공기층은 적절한 환기를 위해 단열재와 서까래 사이에 적어도 15cm 이상 확보하여야 한다. 판재는 서까래 상부에 위치시키고 방수층은 레벨층 위에 시공한다. 표면보호는 필요에 따라 선택한다.

2.4 빗물 방지 (Flashing)

수직 구조재
Rising structural elements

관통하는 구조재로부터 지붕에 흐르는 스프레이나 물을 방지하기 위해 방수는 수직 구조 부재의 일정 높이까지 시공한다. 지붕으로부터 올라오는 구조부재는 엘리베이터 타워, 굴뚝, 서비스층 등이 있다. 창과 문에도 같은 방수 원칙이 적용된다. 5° 이내 경사의 평지붕에 수직 구조재가 있는 경우의 방수는 지붕 마감의 상부 모서리에서 최소 15 cm 이상 위쪽으로 연결하여 시공하여야 한다. 지붕 마감의 상부 모서리가 방수층은 아니지만 자갈층일 수 있다. 만약 지붕 경사가 5도 이상인 경우, 방수는 수직 구조재에서 10 cm 이상 높이로 시공한다.

문지방
Door thresholds

발코니와 테라스 문은 특히 어려운 경우에 해당한다. 방수가 지붕 표면으로부터 15 cm 이상 위쪽으로 시공되었다면, 여기서 불가피하게 인테리어와 외부공간 사이의 단이 생기게 된다. 대부분의 경우 내부와 외부 바닥레벨이 같지만 지붕 구조는 방수재의 두께로 인해 내부보다 외부의 레벨이 더 높게 된다. 따라서 추가적인 처리가 필요하게 된다. 지붕에 쉽게 접근하기 위해서는 문지방 높이를 5 cm로 줄인다. 눈이 내리는 계절에 물이 고인 경우 물이 방수층 뒤쪽으로 투과하지 않도록 각별히 주의해야 한다. 문 바로 바깥쪽으로 지붕 배수시설이 없다면, 그레이팅이나 홈통을 만들도록 한다. 장애물 없는 베리어 프리 (barrier-free) 건물에서는 문지

\\ 참고:
수직 구조재의 예시로 벽이나 기둥과 같이 지붕에 세로로 서 있는 부재를 들 수 있다. 이런 지점에서 강우, 스프레이, 또는 결로가 방수층 하부로 침투하지 않도록 적절한 방수가 반드시 이루어져야 한다.

방을 없애야 하는데, 이러한 경우, 캐노피에서 떨어지는 물 방지하기, 하수 시스템과 직접 연결된 홈통 난방, 또는 지붕구조와 지붕층을 완전히 고정시키는 방법과 같은 특수 시방이 필요하다.

분리층을 두는 방수 쉬트는 벽체의 클램핑 레일에 고정시킨다. 비닐 방수 쉬트는 합성 금속 쉬트에 접착한다. 연결부위는 인장력을 방지하기 위해 건물의 팽창 조인트 지점에서 레일에 삽입하여야 한다. 방수 쉬트가 말려 올라가는 현상을 방지하기 위해 레일에 부착된 금속 쉬트로 감싼다. 이때 방수재가 금속 쉬트로 인해 상하지 않도록 각별히 주의한다. 커튼월 입면의 경우에는, 방수재가 손상되기 쉬운 방법이지만, 파사드 뒤쪽에 시공하도록 한다.

모든 부재들은 적합한 방화 기준을 만족하여야 한다. 빛 큐폴라와 같은 지붕의 창을 통해 화재가 상층 단면부로 확산되지 않도록 건물의 수직부에 신경을 쓰도록 한다.

2.5 지붕 모서리 처리

돌출 평지붕
Projecting flat roof

평지붕은 지붕이 파사드와 만나는 지점이나 파라펫과 함께 돌출 평지붕 형태로 마감될 수 있다. 현재, 파라펫이나 엣지 트림(edge trim)이 평지붕 마무리 방법으로 쓰이고 있다. 돌출 평지붕은 벽체의 단면과 지붕의 방수 및 단열층의 결합이 어려운 구조적인 문제를 안고 있다. 외장재를 단열재 위에 빈 공간 없이 설치하는 경우, 열교현상 방지를 위해 돌출 단면은 반드시 단열재로 완벽하게 씌워야 한다. 이로 인해 지붕 슬래브가 과도하게 두껍게 보일 수도 있다. 단열재를 지붕 슬래브 하부에 시공할 수도 있는데, 이 방식은 벽체에 단열층을 직접 연결하는 것이 불가능하기 때문에 이상적이지는 않다. 또한, 지붕 슬래브가 차가운 외기에 노출되어 있어, 온도 변화에 따라 지붕 슬래브 하부의 내력벽이나 내력기둥과 상이한 양상을 보일 수도 있다. 연결지점에서 장력이 생길 수 있는데, 이로 인해 슬래브나 파사드에 균열이 발생할 수 있다. 이 방법은 기존 빌딩에 건물 파사드 외관을 유지하면서 단열재를 나중에 시공하는데 자주 쓰인다.

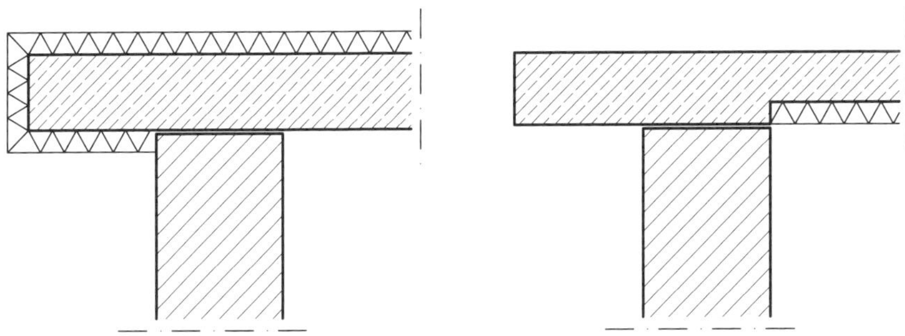

그림 42:
돌출 지붕 슬래브의 단열재 시공

지붕 파라펫
Roof parapet, upstand

파라펫을 올린 지붕의 방수층은 수직 구조물이 있는 평지붕에서와 마찬가지로 파라펫 부분까지 연결시킨다. 여기서, 방수층은 지붕면보다 최소 10 cm 이상 올라오도록 해야한다. 레이어의 가장 상부-금속포일, 자갈, 또는 작업면을 기준 레벨로 지정한다. 지붕 모서리 방식은 철근콘크리트나 벽돌 파라펫과 모서리 판자에 고정시키는 엣지 트림 방식 두 가지로 나누어 볼 수 있다. 모서리 판자는 단열재면에 평평하게 놓을 수 있도록 대게 단순한 직사각형의 목재가 사용된다. 지붕 엣지 트림은 지붕 모서리에 따라 모양이 결정되고 입면과 겹치는 부위가 생긴다. 지붕 파라펫으로 설계되었다면 금속 쉬트 마감이 엣지 트림 재료로 많이 쓰이지만 조립식 석조나 콘크리트가 사용되기도 한다. 고층 일수록 풍동 영향력이 커지므로, 건물 높이에 따라 파라펫의 높이 또한 다르게 설계된다. 파라펫 쉬트는 처마물끊기 (drip edge)를 형성하고 금속 쉬트 안쪽으로 흐르는 우수가 고이는 것을 방지하기 위해 입면에서 2 cm 정도 돌출시킨다.

파라펫 지붕 모서리

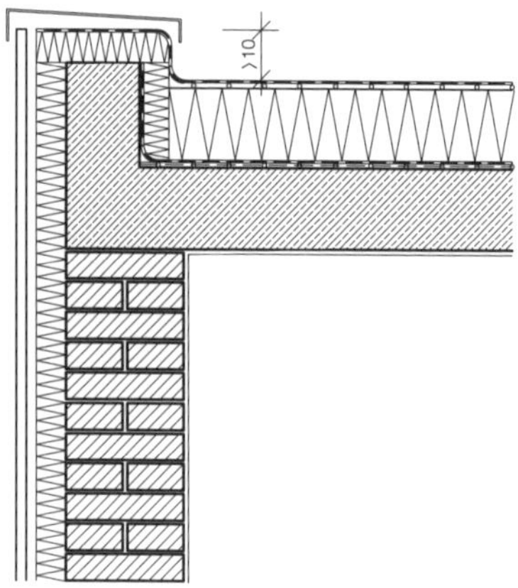

엣지 트림 지붕 모서리

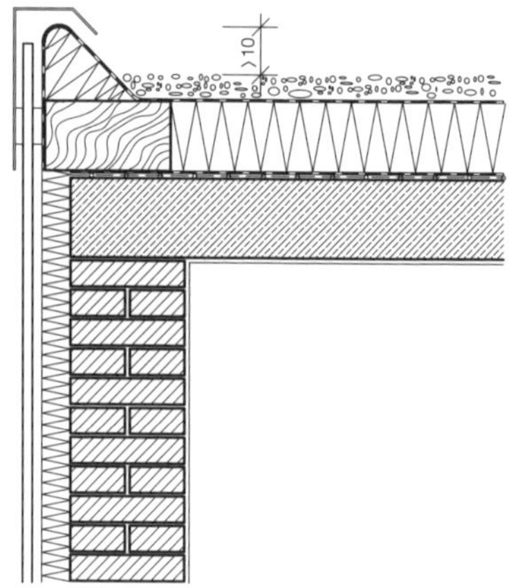

파라펫 지붕 모서리

지붕구조

지붕방수,
단일층
증기압 보상층
단열재
방습층
레벨링층
예비 코팅
철근콘크리트 슬래브

벽체구조

파사드 슬래브
공기층
단열재
규산칼슘
조적

엣지 트림 지붕 모서리

지붕구조

자갈층
지붕방수,
단일층
증기압 보상층
단열재
방습층
레벨링층
예비 코팅
철근콘크리트 슬래브

벽체구조

파사드 슬래브
공기층
단열재
규산칼슘
조적

그림 43:
파라펫 지붕 모서리와 엣지 트림 지붕 모서리

표 8:
파라펫 쉬트의 파사드 겹침 권장치

건물높이	파라펫 쉬트 겹침
〈8 m	5 cm
8 -20 m	8 cm
〉20 m	10 cm

2.6 배수

평지붕은 내부 배수가 일반적이다. 즉, 하수관은 건물을 통과하여 건물 기초의 배수 시설로 흐르게 된다. 최소한 하나의 배수구와 하나의 비상 배수구를 지붕마다 설치하여야 한다. 배수관 크기는 경사지붕을 참조하도록 한다. 〉 경사지붕, 배수 참고

구배
Slope

지붕은 물이 배수구로 흐를 수 있도록 최소 2%의 경사를 유지하여야 한다. 구배는 성형 시 물구덩이를 방지한다. 구배는 구배 막대나 구배 단열재를 사용해 시공한다. 〉 경사지붕, 단열재 참고 옥상에 출입이 가능한 형태라면 지붕면과 단열재면에 고인 빗물은 배수시켜야 한다. 지붕 배수구나 지붕 그릴은 지붕의 가장 낮은 곳에 설치하여야 하며 접근이 용이해야만 한다. 사용 중인 옥상의 경우 검침 그리드 설치도 가능하다. 검침 그리드는 수직 구조재니 연결부위로부터 최소 30 cm 이격하여 설치하여 배수구의 깔끔한 방수시공을 돕는다.

지붕배수구
Roof outlets

지붕 홈통은 방수층과 확실히 접착되어야 하며, 비튜멘 실링을 위한 포일이나 접착 테두리로 제작된 방수링이 필요하다. 평지붕의 홈통 유입구는 수직형과 경사형 두 가지가 있다. 물이 하수관으로 직접 내려가기 때문에 수직형이 원칙적으로 선호되고 있으나, 균열발생이 쉽다는 단점이 있다. 평지붕의 경사 홈통은 복잡하게 연결되어 있거나 무주 공간과 같이 홈통을 설치 하기 힘들어 물을 직접 배수시킬 수 없을 때 사용된다.

강설량이 많은 지역에서는 지붕 배수구가 얼지 않도록 난방을 권장한다. 이는 겨울철의 원활한 배수를 돕는다.

비상범람구
Emergency overflow

나뭇잎이 배수구를 막는 등의 문제로 지붕에 물이 고이지 않도록, 비상범람구를 설치한다. 비상범람구는 지붕 모서리(파라펫)를 따라 흐르도록 설계한다. 경사의 낮은 지점에 위치하도록 하며 모든 면에 방수재와 단열재를 시공한다. 관의 돌출단면은 파사드를 타고 물이 흐르는 것을 방지할 수 있을 만큼 길어야 한다. 비상범람구는 영구적인 배수시설이 아니기 때문에 배수시스템으로 직결될 필요는 없다.

그림 44:
비상범람구

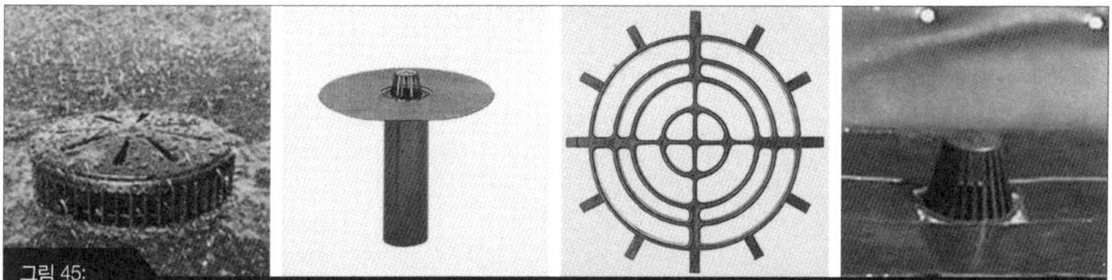

그림 45:
지붕 배수구와 그릴

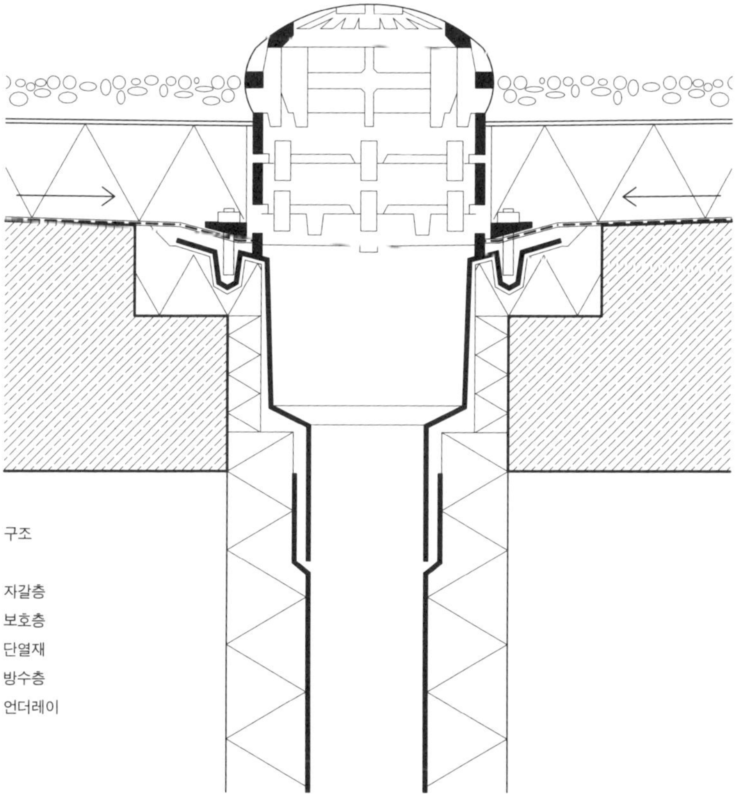

그림 46:
무환기 지붕의 지붕 배수 예시

3. 결론

앞장에서는 다양한 지붕 형태, 재료, 디자인을 소개하였다. 이 책은 단순한 형태에 국한하고 있지만, 수없이 다양한 형태의 조합이 가능하기 때문에 스탠다드 지붕이라고 일컬을 수 있는 지붕을 정의하기는 매우 힘들다. 설계자는 연결부위와 마무리, 관통형태등에 따라 지붕층 구조를 정의하고 결정하여야 한다. 상세설계를 위해서는 다음 사항들을 숙지하여야 한다.

형태:

_ 선택된 지붕은 평면의 형태 및 크기와 어울리는가?

_ 지붕으로의 접근과 이차 비상구 (예를 들어 창문을 통한) 는 확보되어 있는가?

_ 선택된 지붕의 형태와 지붕창은 건축법을 잘 따르고 있는가?

_ 선택된 재료는 빌딩의 전체적인 외관과 주변경관과 잘 어울리는가?

_ 지붕의 조명과 환기가 잘 설치되었는가?

마감:

_ 건물의 모든 외부 면의 단열은 적절한가? (박공, 지붕창, 지붕면, 지붕 상부구조, 배관)

_ 단열재는 인접한 구조재의 단열층에 모든 지점(벽, 발코니 등)에서 연결되어 있는가?

_ 지붕 방수는 완벽한가?

_ 구조재 내부의 결로는 방지되었는가?

_ 전체 지붕면으로부터 빗물이 장애물 없이 잘 배수되고 있는가?

_ 지붕은 방풍성이 있는가?

_ 관통부위 등의 결로 방지책이 마련되었는가?

_ 구조에 침투하는 대기중의 습기, 특히 단열재 습기 예방책이 수립되었는가?

지붕은 모든 의례적 형태에 덧붙여 디자인의 다양한 영역을 제공한다. 익숙한 구조재의 새로운 해석은 흥미로운 면이 있는 반면 핵심으로의 간소화는 전체 그림에서 엄격한 순서를 강조한다. 건물에 관한 각종 규격과 법규에도 불구하고 설계자는 첫째로 지붕 컨셉을 발전시켜야 하며, 시공은 그 다음 순서이다.

역자후기

이 책은 독일에서 독일 기준으로 출판된 서적임을 숙지한 채로 읽어 나가길 당부한다. 앞서 머리말에서 편집장이 피력한 바와 같이 이 책은 처음 건축을 입문하는 학생들의 이해를 위한 목적이므로, 독일과 한국의 건축문화와 건축법규의 차이로 인한 세부 내용 보다는, 기본적인 현대 지붕 구조에 대한 입문에 주안점을 두고, 원문에 충실히 번역하고자 하였다. 국내 법규와 전통 목구조에서의 지붕 구조에 대한 내용은 독자들의 향후 과제로 남긴다.

양원영

부록

STANDARDS

Loads and forces	
E DIN 1052	Entwurf, Berechnung und Bemessung von Holzbauwerken - Allgemeine Bemessungsregeln und Bemessungsregeln fur den Hochbau, Berlin, Beuth-Verlag 2000 (Design, calculation and dimensioning for timber buildings)
E DIN 1055-1	Einwirkungen auf Tragwerke - Teil 1: Wichte und Flachenlasten von Baustoffen, Bauteilen und Lagerstoffen, Berlin, Beuth-Verlag 2000 (Effect on load-bearing systems, part 1, weights and area loads for materials, parts and stored material)
E DIN 1055-3	Einwirkungen auf Tragwerke - Teil 3: Eigen und Nutzlasten fur Hochbauten, Berlin, Beuth-Verlag 2000 (Work on load-bearing systems, part 3, own weight and imposed loads for building)
E DIN 1055-4	Einwirkungen auf Tragwerke - Teil 4: Windlasten, Berlin, Beuth-Verlag 2001 2001 (Effect on load-bearing systems, part 4, wind loads)
E DIN 1055-5	Einwirkungen auf Tragwerke - Teil 5: Schnee- und Eislasten, Berlin, Beuth-Verlag 2000 (Effect on load-bearing systems, part 5, snow and ice loads)

Sealing	
DIN 18195	Bauwerksabdichtungen, Teile 1-6 und 8-10, Ausgaben 8/83 bis 12/86, Berlin, Beuth-Verlag 1983/1986 (Sealing buildings)

Insulation	
DIN 4108	Beiblatt 2, Warmeschutz und Energie-Einsparung in Gebauden, Warmebrucken, Planungs- und Ausfuhrungsbeispiele (1998-08) (Supplementary sheet 2, heat insulation and energy saving in buildings, heat bridges, examples of planning and execution)
DIN 4108-2	Warmeschutz und Energie-Einsparung in Gebauden, Mindestanforderungen an den Warmeschutz (2001-03) (Heat insulation and energy saving in buildings, minimum demands)

DIN 4108-3	Warmeschutz und Energie-Einsparung in Gebauden. Klimabedingter Feuchteschutz, Anforderungen, Berechnungsverfahren und Hinweise fur die Planung und Ausfuhrung (2001-07) (Heat insulation and energy saving in buildings, climate-related damp protection, requirements, calculation procedures and hints for planning and execution)
DIN V 4108-4	Warmeschutz und Energie-Einsparung in Gebauden. Warme- und feuchteschutztechnische Bemessungswerte (2002-02) (Heat insulation and energy saving in buildings, heat and damp protection technical dimension values)
DIN 4108-7	Warmeschutz und Energie-Einsparung in Gebauden. Luftdichtheit von Gebauden. Anforderungen, Planungs- und Ausfuhrungsempfehlungen sowie -beispiele (2001-08) (Heat insulation and energy saving in buildings, air-tightness of buildings, requirements, planning and execution recommendations and examples)
SN EN ISO 10211-1	Warmebrucken im Hochbau – Berechnung der Warmestrome und Oberflachentemperaturen – Teil 1: Allgemeine Verfahren (ISO 10211-1:1995), 1995 (Heat bridges - calculating heat currents and surface temperatures, part 1, general procedures)
SN EN ISO 10211-2	Warmebrucken im Hochbau - Berechnung der Warmestrome und Oberflachentemperaturen - Teil 2: Linienformige Warmebrucken (ISO 10211-2:2001), 2001 (Heat bridges - calculating heat currents and surface temperatures, part 2, linear heat bridges)

Drainage	
DIN 18460	Regenfallleitungen ausserhalb von Gebauden und Dachrinnen (Rainfall drainage outside buildings and gutters)
DIN EN 612	Hangedachrinnen, Regenfallrohre ausserhalb von Gebauden und Zubehorteile aus Metall, Berlin, Beuth-Verlag, 1996 (Suspended roof gutters, drainpipes outside buildings and metal components)
SN EN 612	Hangedachrinnen mit Aussteifung der Rinnenvorderseite und Regenrohre aus Metallblech mit Nahtverbindungen, 2005 (Suspended gutters with reinforced gutter fronts and sheet metal drainpipes with seam joints)
SSIV-10SN EN 12056-3	Schwerkraftentwasserungsanlagen innerhalb von Gebauden – Teil 3: Dachentwasserung, Planung und Bemessung, Ausgabe 2000 (Gravity drainage inside buildings, part 3, roof drain age, planning and dimensioning)

참고문헌

Francis D.K. Ching: Building *Construction illustrated*, 3rd edition, John Wiley & Sons, 2004

Andrea Deplazes (ed.): *Constructing Architecture* Birkhäuser Publishers, Basel 2005

Thomas Herzog, Michael Volz, Julius Natterer, Wolfgang Winter, Roland Schweizer: *Timber Construction Manual,* Birkhäuser Publishers, Basel 2004

Ernst Neufert, Peter Neufert: *Architects' Data*, 3rd edition, Blackwell Science, UK USA Australia 2004

Eberhard Schunck, Hans Jochen Oster, Kurt Kiessl, Rainer Barthel: *Roof Construction Manual,* Birkhäuser Publishers, Basel 2003

Andrew Watts: *Modern Construction Roofs*, Springer Wien New York 2006

그림출처

그림 3 left, figure 33 centre left (residential house in Wetter, Germany): Tanja Zagromski, Wetter, Germany

그림 3 centre left, center right; figure 23 centre left; figure 25 centre left, centre right, figure 26 right; figure 37 left, centre right, figure page 16, 54: Bert Bielefeld, Dortmund, Germany

그림 7 right (residential house in Oldenburg, Germany), figure 33 centre right, right (residential house in Lohne, Germany): Alfred Meistermann, Berlin

그림 Seite 40 (residential house in Naels, Germany): Brüning Architekten, Essen, Germany

그림 33 left (Klenke Apartment Building); figure 44 (Villa 57): Archifactory.de, Bochum, Germany

All other figures are supplied by the author.

역자 소개

양원영

· 한양대학교 건축공학과 공학사 '98
· 펜실베니아 주립대 음향대학원 공학석사 '02
· 브리티쉬 콜럼비아대 환경학박사 '06
· 캐나다 국립 연구원 재직
· 삼성물산 기술연구센터 재직(現)

Basics
ROOF CONSTRUCTION
지붕구조의 기초

Tanja Brotrück 저
양원영 옮김

1판 발행 2012년 1월 31일 발행

발행인 겸 편집장 김기현
발행처 시공문화사 *Spacetime*
등 록 1993년 3월 12일
주 소 서울시 서대문구 현저동 200 극동빌딩 5층
전 화 02) 3147-1212, 2323
전 송 02) 3147-2626
ISBN 978-89-5592-216-5
http://www.spacetime.co.kr
spacetime@korea.com

정가 9,500원

최근의 건축 법규들과 기준들, 그리고 재료와 기술에 있어서의 발전들을 그 기초로 활용함으로써, 이 책은 터파기와 기초공사부터 내 · 외장 마감공사까지 전 범위의 시공 활동들을 다루며 경량 목조 프레임, 조적조 내력벽, 철골, 그리고 철근콘크리트 구조와 같은 일반적인 시공 체계들을 살펴본다.

FIFTH EDITION

건 축 설 계 자 를 위 한

건축시공 및 재료학

Fundamentals of Building Construction

Edward Allen and Joseph Iano 지음 이한승 대표역자

WILEY Spacetime